U0182473

超 AI 入门

深度学习将进化到何种程度

［日］松尾丰　　　　　　　　　著
NHK《何为人类? 超 AI 入门》制作小组

李贺　译

中国科学技术出版社
·北 京·

北京市版权局著作权合同登记 图字：01-2020-5298

图书在版编目（CIP）数据

超 AI 入门：深度学习将进化到何种程度 /（日）松尾丰，NHK《何为人类？
超 AI 入门》制作小组著；李贺译. —北京：中国科学技术出版社，2020.9
　 ISBN 978-7-5046-8773-9

　 I. ①超… 　 II. ①松… ② N… ③李… 　 III. ①机器学习－青少年读物
IV. ① TP181-49

中国版本图书馆 CIP 数据核字（2020）第 170860 号

策划编辑	田　睿　杜凡如	版式设计	锋尚设计
责任编辑	申永刚	责任校对	吕传新
封面设计	马筱琨	责任印制	李晓霖

出　　版	中国科学技术出版社
发　　行	中国科学技术出版社有限公司发行部
地　　址	北京市海淀区中关村南大街 16 号
邮　　编	100081
发行电话	010-62173865
传　　真	010-62173081
网　　址	http://www.cspbooks.com.cn

开　　本	880mm×1230mm　 1/32
字　　数	100 千字
印　　张	4.75
版　　次	2020 年 9 月第 1 版
印　　次	2020 年 9 月第 1 次印刷
印　　刷	北京盛通印刷股份有限公司
书　　号	ISBN 978-7-5046-8773-9 / TP·421
定　　价	59.00 元

/ 当人类的"结构"被破坏时 /

记得我第一次去东京大学本乡校区工学院2号楼录制《何为人类？超AI入门》时，在前期商讨结束后，松尾丰教授盯着眼前的杯子说："'在这里装着的是咖啡'，只有在人类的认知结构下才会对此深信不疑吧。"这句话一直萦绕在我的耳边。

当今，AI研究飞速发展。"AI"译为"人工智能"，是一项以模仿人类的智能和脑部机能为出发点的技术。

但是，反过来看，我们是否可用被模仿的各类机能来探知人类智能？

我所在的制作团队以时代主题为拍摄对象，将其制作成电视节目面向公众。我想用我们的行动来验证上述想法。能否像好莱坞的科幻片那样去探究AI的本质？我们怀揣不安造访了松尾丰教授的研究室，松尾丰教授是开展AI研究的先行者。教授觉得我的想法很有趣，所以欣然接受了我们的采访，并协助我们的拍摄工作。

本书以2017年10月至12月放映的《何为人类？超AI入门》（第一季，共12集）中松尾丰教授撰写的解说内容为基础，在还原现场感的同时将了解AI必备的内容加以总结，是关于AI的入门类书籍。作者曾对协助节目拍摄的两位世界级AI研究专家——杰弗里·辛顿（Geoffrey Hinton，谷歌）和杨立昆（Yann LeCun，脸书人工智能研究院）进行了采访，两位专家以通俗易懂的语言讲述了各自的研究以及关于AI的基础知识。

现在社会上充斥着这样一些"执念"——"AI是与人类抢饭碗的敌人""AI是给人类带来光明未来的万灵药"。我们先抛弃这些执念，亲自叩响通往AI世界的大门吧！

实际上松尾丰教授所进行的AI研究的高深之处在于从思想上、哲学化问题意识上以及人类学、精神分析学等方面对人类的探索。

这听起来是有一些难以理解，但这种研究是对人类这一复杂生命存在的探究，其研究方法远远超过我们所依靠的文科—理科二分法。

开篇提到的"结构"是近代语言学家费尔迪南·德·索绪尔提出的一个概念，这一概念是对我们日常使用的语言、词汇的考察。关于这一概念的解释请读者在讲义1中进行学习。

人类会在某种情况下做出相应的判断。

比如，站在面前的朋友突然哭了起来，这时人的大脑会一瞬间想出多种方法来让对方停止哭泣。采用某种方法的依据是对方的表情、哭泣的方式、哭声的大小、哭泣时断断续续说出的话等。人们为了应对当前出现的问题，会调用各种感官去收集信息、寻找解决办法。

同时，站在你面前哭泣的一方体内也在发生着各种变化，这些变化也是十分复杂的。心跳略微加快、脉搏加速、大脑的血液流速变化等。把这些反映生理变化的数值与以往的经验相匹配，便可出现一套解决程序。和以往接触的朋友的情况进行对比，在不同情况下积累的认知力和判断力都会得到提升，知道该如何去解决类似问题。

因各类经验不同，积累的解决办法也各不相同。AI也是这样不断地进行进化的。当积累了一定经验之后，在遇到一些情况的时候自己甚至会无意识地做出反应。

但是你在做出反应时是否带有科学数据无法解释的微妙情感？本书也会尝试解析人类的心理机制。希望通过数据解析让读者去思考人类的不可思议。

但是，在做各种思考前还请大家带着这个疑问——"何为人类"。

NHK企业节目开发组

执行制片人

丸山俊一

目录

AI 讲义2 人脑和AI的区别是什么

讲义3 AI能够创作艺术品吗

讲义4 AI机器人为何难以实现

讲义5　生活因AI图像识别发生什么样的改变

讲义6　AI是否会与人类融合

讲义1

AI与人类
能够对话吗

　　本书在介绍AI（人工智能）的同时，用6节讲义的形式尝试解答"何为人类"这一命题。在每节讲义中，我们将会细致、全面地观察人类的活动，思考AI是否还有和人类相关联的余地与可能。

　　AI，正在逐步渗透到我们生活的各个领域。

　　AI的发展是如何改变我们生活的？AI能做到但是人类做不到的事情是什么？反之，只有人类能做的事情又是什么？正因为AI来到我们的身边，我们才要重新审视人类自身存在的意义和方式。或许，这正是一次很好的内省机会。

　　讲义1的主题是"对话"。在人类的交流中，语言占据着重要的地位。所以，首先我们要研究到底是什么让AI说话、让AI理解意思？并思考人类与AI的区别。

　　从开始研究AI以来，大量研究人员都梦想让AI说话。几十年前就开始的这项研究，随着技术的进步，近年来已经取得了一定成果。

　　交流型机器人"unibo"的研发问世是在2017年。机器人unibo具备多种机能，使用AI技术通过编程使其能够进行日常对话是其最大的特征。开发人员表示，unibo在与人进行对话的时候，会通过AI学习对方所带有的感情，并且能够将这种感情再现。

/ 机器人会说话吗 /

首先我们来思考：机器人说话具体指的是何种机制。

比如说，向机器人打招呼说"你好啊"，机器人也会回复你说"你好"，只要做好程序设定就可以。

也可以进行程序设定，让机器人在早上问"你吃早饭了吗"，在晚上问"你吃晚饭了吗"，通过设定可以让人机实现交流。

接下来可以让机器人进行提问。当人说"X"的时候，机器人反问"为什么是X"。举例说明，如果人说"我喜欢猫"，机器人就会反问"你为什么喜欢猫"，这样就实现了人机之间的交流。把这种对话模式编写进程序里，就能够做出可以进行对话的机器人。

20世纪60年代自然语言处理程序"ELIZA"（人机自然语言交流的计算机程序）被开发出来，ELIZA可以事先准备对话来实现与人的交流。由于当时没有语音识别系统，是以向计算机中输入文字的方式来进行对话，当然，计算机给出的回复也是文字形式的。当时的人们十分沉迷于这项技术。甚至有人把自己的一些私事以及烦恼向计算机倾诉。ELIZA的基本反问模式是"为什么会这样""其他人也这样吗""你觉得怎么样"等。它所回答的内容以及提出的问题是极具普遍性的问答模式。

实际上这种对话模式十分接近于心理治疗师的诊疗技术。首先，听一下对方的烦恼，在听的过程中诱导对方说出自己的答案。由于ELIZA运用了这种对话程序，这就导致它的回答是十分有限的。

当今，AI技术取得了突破性进步，逐步实现了学习收集数据生成语言。当机器人与人对话的时候，人这样说，机器人做这样的回答；人那样说，机器人便做另一种回答。通过收集大量的数据，在听到上一句话时就能够预判到下一句话，并做出相应的回答。

AI机器人"Linna"（微软日本公司开发的智能软件）能够像人类一样地进行回答，它就是应用了这样的技术。Linna甚至能够回答人类提出的一些不合常理的问题。而且，它和人类的对话也极其流畅自然。

　　然而，这只不过是在程序中录入大量的回答，当被问到相应问题时机器人自动地选择答案进行回答。也就是说AI没有理解人类说话的意思，只是学习了对话的模式。在后面的内容中我们将详细介绍"理解意思"与"学习模式"的区别。

　　近年来由于Deep Learning（深度学习）概念的提出与发展，在自然语言处理领域取得了显著的成果。此前精确度比较低的计算机翻译、文本分类与概括等工作都实现了飞跃式的进步。

/ AI如何进行翻译 /

　　那么，什么是深度学习呢？接下来我们会具体地进行解释。首先我们给它下一个定义：深度学习是指使用多层神经网络的机器学习，简言之，深度学习是多种技术的集合。其中具有代表性的技术是"CNN"（卷积神经网络）和"RNN"（递归神经网络）。

CNN用于视频识别，RNN用于语言处理。在这里介绍一下RNN。RNN主要适用于语言处理和语音识别等内容随时间变化的数据。

信息会被输入到RNN当中。比如，将"您好"这句问候语逐字进行输入，输入后，神经网络中的"隐含层"的状态发生变化。"隐含层"是指连接"输入层"和"输出层"的不可见层（既不是输入层也不是输出层）。这层的状态不同，输出的内容也会发生变化。

比如说，两个人见面打招呼问好，

"您好!"

"您好!"

这时人脑的状态由"打招呼前的状态"变为"打招呼后的状态"。打完招呼后，如果再打一次招呼显得很不自然。这种判断标准就是隐含层中含有的信息。隐含层信息发生变化，就会导致接下来的输入层信息、输出层信息以及新的隐含层信息也会发生改变，所以称RNN为"递归型"。

在研发中，需要让 RNN 学习大量的对话语句。比如，输入语句"我是一名男子学校的学生，很少有与异性接触的机会，因为交不到女朋友，我十分苦恼，去哪儿能找到女朋友呢？请给我一些建议。"RNN 会对此生成以下语句："这样啊！我十分理解你的心情。"随着时间推移，信息不断被输入，神经网络内部的状态也会逐渐发生改变，不断输出最佳的答案。因此必须要事先让 RNN 学习大量的问答内容。

然而，RNN 也有其自身的弱点。那就是它会忘记最先听到的内容。随着时间推移，输入的信息逐渐变化更新，最初输入的信息被逐渐弱化遗忘。所以要保持长期记忆是十分困难的。为弥补这一短板，"LSTM"（长短期记忆）网络被开发出来，使用"Memory Cell"（存储单元）保存信息的结构，改良长期存储性能，自主决定是否对信息进行遗忘。

以上面的对话为例，不能忘记的信息是"男子学校""与异性接触机会少""交不到女朋友"。记住以上几个重点信息，即使不能理解问题的意思，也能从答案库中找到合适的答案。

接下来我们聊一聊让 RNN 参与翻译。RNN 在进行对话和翻译时常用的技术是"seq2seq"。

输入英文句子"My father bought me a bike",翻译成中文就是"我爸爸买了我自行车",这样的翻译是不够完美的。

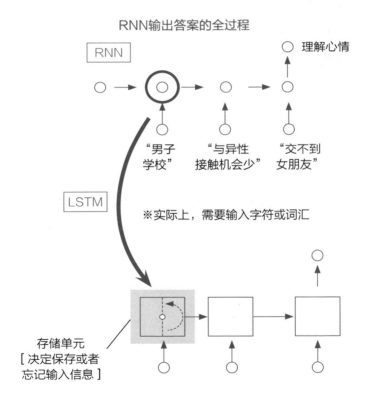

RNN输出答案的全过程

RNN

理解心情

"男子学校"　　"与异性接触机会少"　　"交不到女朋友"

LSTM

※实际上,需要输入字符或词汇

存储单元
[决定保存或者忘记输入信息]

/ RNN输出答案前的思考机制 /

因为中文和英语的语序是不完全相同的，句子长度也不相同。在输入的英语中，如果不看到句子末尾就不知道"自行车"这一主体。

所以在整句英文后加一个"EOS"（End Of Sentence）。通过这种方式改变RNN的结构，在所有信息都全部输入后再进行输出的技术就是"seq2seq"。

谷歌曾提出使用"seq2seq"技术实现人机对话的"神

RNN的翻译模式

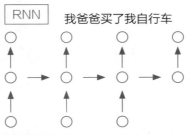

经对话模式"。将数千万组甚至是数亿组规模的对话内容、IT help desk（IT行业中的桌面支持）、电影台词录入程序中让机器人进行"学习"，从而使人工智能能够自然顺畅地进行对话。以"seq2seq"为基础的各项技术得到了大量运用，以往很难进行的人机"闲聊式对话"也能够顺畅进行了。

/ 学习指的是"区分" /

在前面介绍AI机器人"Linna"的时候，我们提到它"在学习对话模式"。那么,原本"学习"指的是什么?

学习的主干内容之一是进行区分处理,对某种现象做出判断,认识这是何种现象或事物。能够进行"区分"就能根据自己的判断采取具体措施与行动。这里提到的"区分"处理是指以"是"或"否"来进行回答。

不仅AI如此,人也是一样。在工作中,是否要推进一项企划,我们也要对其做出"是"或"否"的判断,之后再进行"学习",以提高工作的精确度和正确度。

人类在对事物进行区分的同时也在对世界进行区分。这不是人类特有的行为,所有生物为了自己的生存都要对世界进行区分。眼前的东西能不能吃?是敌人还是朋友?是雌性还是雄性?这些"区分"都直接关系到生物是否能够生存下去。我们人类与其他生物相比具有较高的认知能力,甚至可以具有看上一眼就能做出判断的区分能力。

我们把AI进行的机器学习看成是计算机在处理大量数据的同时自动掌握对事物进行区分的能力的话会更容易理解。一旦掌握了这种区分方法,就能够对未知数据进行区分处理。比如，掌握了区分猫的方法，在下一次看到猫的图片时就能判断出看到的东西是否是猫。

　　AI进行文字输出也是这个道理。输出文字指的是把文字一个一个地进行输出。比如AI要输出一句话，首先要判断输出的是不是"a"，接下来要输出的是不是"b"，最后确定是不是输出"c"。在进行输出时不断做"是"和"否"的判断。实际上深度学习的输出层中包含着一个信息量巨大的输出内容集合。随着时间和输入内容的变化，不断进行判断最终输出一个完整的句子。

/ 图灵测试与"中文房间试验" /

　　那么随着学习成果的积累，AI能否像人类一样用同样的方法去理解事物呢？

　　AI领域有一个著名的试验——图灵测试。这是一项测试机器是否具备智能的试验。这项试验在1950年由英国著名的数学家、计算机科学家、密码破解专家艾伦·图灵以论文的形式进行发表。

时至今日，对于机器是否具备"智能"的讨论仍有大量的争议，对此进行定义十分困难。给计算机安装AI程序，这一程序有多么智能，这要如何判断？

图灵测试的具体内容如下：

假设某一房间中有一台计算机或者一个人。房间外的人与房间内的计算机或人进行对话。当房间外的人无法判断和他进行对话的是计算机还是人时，如果房间内是计算机的话，那么就可以说计算机具备智能。图灵测试提供了一种从外部来判断计算机是否具备智能的方法。

图灵测试可以说是对人与计算机的对答能力进行打分的试验，也可以说是AI之间的一种竞赛。但是得了高分就能证明计算机真的具备智能吗？我们很容易出现这样的疑问。

美国哲学学者约翰·希尔勒提出了"中文房间试验"，这一试验是对图灵测试进行的哲学思考。

首先，让不会中文的人进入房间，再把写有中文的纸送进房间。房间中有一本很厚的中文翻译程序的书，房间中的人参照中文翻译程序的书，对纸上的中文进行理解，把答案写在纸上，再递出房间。也就是说，这改变了之前的图灵测试，房间内确定有人。虽然房间内的人给出的答案看上去像是中文，但是他完全不会中文，也不知道他写出的答案的意思，这也不是真正意义上的中文对话。约翰指出，在图灵测试中拿到高分和真正理解意思是完全不同的。

/ 不会感到疲劳的人无法理解 "疲劳"一词的意思吗 /

现阶段的情况是AI能够进行对话。但是由于AI不理解语言的真正意思，是无法回答它不理解的问题的。

比如，人们经常会说："好累啊。"AI在听到这个词时会回复说："你还好吧?"但是它实际上不知道"疲劳"的真正意思。

那么，人类是如何理解"疲劳"这个词的呢?

人类能够理解"疲劳"这个词是因为人能够感受到自身的疲劳。而且人类认为"疲劳状态"和"好累啊"是同一个意思。所以，当听到别人说"好累啊!"就能够知道这指的是"疲劳状态"。但是如果有的人从没有感受过疲劳，那么他们是不是就不理解疲劳了呢? 即使有的人没有体会过疲劳，但是他可以从别人的状态来理解，会将"动作变得迟缓，像是处在睡眠状态"理解为疲劳。这时我们就会有一个新的疑问: 要理解语言的意思是否需要身体参与?

关于这个问题，澳大利亚哲学家弗兰克·杰克逊在1982年提出了"玛丽的黑白房间"试验。玛丽生活在只有黑色与白色的世界里。玛丽能够理解"颜色"这个概念吗? 对于这个问题，有人回答说可以，也有人回答说不可以。回答可以的人说:"玛丽可以去听别人的描述，或者自己进行观察，最后就可以理解颜色这一概念。"

通常，我们在理解语言的概念时需要身体参与其中。而

"身体"的定义又是多种多样的。比如说，不用具体的机器人，在网络上提供只在程序上进行操作就能获得反馈的环境，那么就可以说网络上有进行语言理解的"身体"。

有人说："其实不需要身体参与，YouTube通过大量的视频分析，可以理解这个世界。"我觉得这种说法已经占据了主流地位。关于"理解语言是否需要身体参与"的这个命题在AI研究历史上被广泛讨论。人们正在不断地接近最终答案。

/　AI能够理解"猫"吗　/

几年来深度学习技术的发展使高精度的图像识别成为可能。在前文中提到了RNN技术，使用这一技术让AI先从图像层面学习"什么是猫"。但是，我们很容易知道仅靠图像是无法完整理解"猫"这一概念的。如果没有身体的参与，就没法完整理解猫的外观、猫的叫声以及猫的手感。我们相信随着技术的进步，这一切都是可以实现的，但是要真正实现理解语言的意思、进行有实质性内容的对话还是需要很长时间的。

关于语义理解，在AI行业中有一个专门用语"symbol grounding"。"grounding"的意思是"接地"，这一用语的完整意思是"符号接地问题"。

"符号接地问题"可能比较难以理解，我们做一下细致说明。

还是举"猫"这个例子。人类是如何理解猫这个词的意思的呢？我们介绍一下近代语言学之父——瑞士语言学家费尔迪南·德·索绪尔的观点。

索绪尔指出，关于"概念"有两个具体的词，一个是"能指"（语言的符号和声音）；一个是"所指"（语言的意义）。"猫"这一词语既有其语音意义（能指）也有其对应的具体意义（所指），两者缺一不可。换句话说，语言的语音意义只有指称对应的具体概念时，"猫"的词义才能成立。比如去了英语国家，虽然"猫"的具体概念相同，但是表示其表层的语音标记方式就变成了"cat"。

目前AI对猫这一词语可以做到表层理解，但是无法理解其概念。所以，可以知道AI是无法理解词汇的概念的。也就是说，符号无法接地。虽然现在对语言和图像的结合研究正在逐步发展，但是目前的AI仍只能识别猫的图像而无法理解猫的概念，未来AI可能会理解猫的实质概念。

那么，像"自由""勇气""民主主义"这些词AI能够理解吗？对于这些抽象概念我们人类都有不同的理解，无法达成一个统一的认识。所以，AI开发研究能够实现"符号对接"吗？现阶段比较困难，但是将来还是有可能实现的。

能指与所指

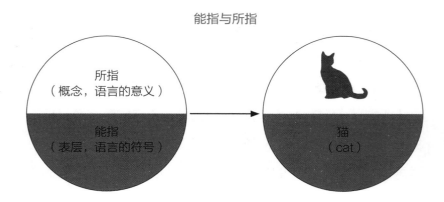

/ 小朋友只能理解亲眼看到的东西吗 /

小朋友只能理解具体事物，比如：笔、小动物等这些他们亲眼看到的东西。等到小朋友逐渐长大了，就能够理解抽象概念了。等到能够理解"狮子""老虎"这些概念时，就可以理解"食肉动物"这一概念，进而会理解"动物""生物"等更进一步的概念。对抽象程度的理解一步步加深。

或者，当小朋友总被提醒"这么做不可以哦"时，就会慢慢理解"禁止"的意思，进而理解"禁止"的对立概念"自由"。

AI也是如此，先识别图像，从视觉信息方面进行掌握。接下来运用身体的动作，与环境相互作用，逐步理解概念。通过不断的积累，便会在将来理解抽象概念。（在后面的部分我们会再继续讲述AI作为硬件的区别，以及是否能够超越本能和感情将成为技术关键。）

近年，使用机器人能够实现很多工作的自动化。深度学习也使复杂的、人类未曾见识到的作业成为可能。

随着技术的进步，AI如果有一天能够理解语言的意义，会计、财务、制作合同、撰写文章等工作都会做到和人相同的水平，甚至超过人，那时人类社会将发生巨大的变化。这项技术突破可能会由GAFA来实现吧！［GAFA是Google（谷歌），Apple（苹果），Facebook（脸书），Amazon（亚马逊）四家公司的首字母组合。］

现阶段AI基本无法理解语言的具体意义，只能模糊回答。待到能够理解词汇的意义，将会使更多事情成为可能。

/ 使用语言就是分解信息 /

人类与动物相比，我们的压倒性优势就是具有较高的智能，能够使用语言。人类在使用语言时其实就是对信息进行分解。将信息分解、抽象化、概括、总结，进而使信息便于保存。

将信息用语言的形式进行保存，之后在需要的时候进行提取。在遇到相似情况时可以提取相关信息，进行合理应对。还可以把多种相似的情形进行总结，得出共通的抽象性概念。遇到的每个问题其实都有其独特性，今后不会再出现完全相同的情况，所以在对问题进行语言总结时会在一定程度上舍弃部分信息。

人类自身无法完整储存复杂庞大的信息，因此使用语言将信息抽象化。在遇到相关类似情况时，会对情况做出多种分析，把情况分解成小的因子进行保存。计算机可以储存任何信息，再复杂的信息也能够如实无损存储。但是现阶段，计算机无法像人类一样对信息做同等水平的抽象化。

人类在年轻的时候脑子最好用。年轻的时候能够在很短时间内掌握学习的内容。也就是说幼儿时期是人类脑子最好的时期。在这一两年中，应该让幼儿学会"认识世界的构造""人体的组成部分""人类能做什么，又会得到什么回报"等。幼儿在两岁左右起开始学会说话，那时就可以开始这种复杂的学习了。幼儿正是在不断的试错中对世界进行探索的。

讲义2

人脑和AI的
区别是什么

我们已经在上一部分中介绍到，近年来有多种可与人类对话的AI问世。虽说是对话，却不能像人类一样进行较为复杂的交流。因为AI不理解语言的意思。我个人认为将来会实现真正意义上的人机对话，但更为普遍的看法是这根本无法实现或者是要花费特别长的时间。

经常听人说："AI已经掌握了超越人类的能力"，其实，人类和AI是不能仅用一句简单的话就进行对比的。比如，在高速四则运算能力上以及文字段落记忆上计算机完胜人类，但是不能说AI已经超越了人类。要在理解人类和AI的基础上去思考二者的区别与相似点。

讲义2的主题是"人脑与AI"。人脑科学是一门极其细致的学问，目前人们对人脑的了解知之甚少。我们经常会看到电视上的一些宣传，用"左脑·右脑"理论来进行人的性格判断。其实这样的宣传几乎没有任何科学依据。为了能够更多地理解人脑的奥秘，大量的科学工作者前赴后继地进行研究，不是我们随随便便就可以评价的。

但是，对比人脑和AI会激发我们探索知识的兴趣，这一节的内容可能会对大家理解人脑和AI起到一定的提示作用，因为会具体讲到人脑与AI的相似点和区别。那么接下来，我们先了解一下人脑的结构吧。

/　人脑机能与AI学习法的相似性　/

人脑中尚有大量未被人类认知的部分，但是在现已被人类掌握的人脑的机能中有一些是与AI学习法相似的。接下来我们做一些相关介绍。大脑皮层占据了人脑的大部分，具有将事物抽象化理解的能力。处理语言和视觉信息的也是大脑皮层，与大脑皮层的工作原理相似的便是深度学习。也有一种说法是随着深度学习的出现我们能够反向来理解人脑的机能。

正如大家所知，人脑中还有其他多个部位。

具体来说，杏仁核负责进行强化学习。对一系列活动做出反馈，进而强化活动。这是对强化学习的简单定义，杏仁核和反馈机制有着密切的联系。主要的反馈物质为神经传达物质，具体有多巴胺、去甲肾上腺素、血清素、催产素等。以其中的催产素为例，人体分泌催产素后会对人产生亲切感，女性在分娩时体内的催产素浓度上升，会对新生儿产生强烈的亲切感。去甲肾上腺素具有强心作用，可以传达兴奋。

脑部和人工智能学习法

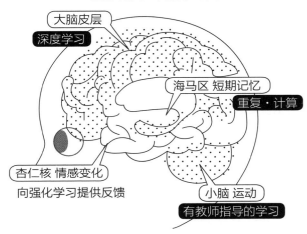

此外，抑郁状态也被认为与反馈机制相关。因抑郁而出现的没有干劲儿、丧失快乐都是因为反馈机制的感受强度降低而导致的。如果反馈机制的平衡被打破了，人就没法获得动力。如果不能顺畅地分泌、传递神经传达物质，人类就无法进行正常的生活和活动。在前面提到了强化学习，如果计算机和AI的反馈设定机制出了问题，它们就不会工作，或者说这时不工作才是它们最好的工作。

　　杏仁核控制着人们的喜欢和厌恶，甚至关系到恋爱。人们会依据自己的情感判断"这样做是好还是不好"，就像强化学习一样逐渐进行学习、记忆。最近将好奇心与强制学习进行结合的研究开始成为一个研究热点。带有好奇心的人会更加愿意去探索未知世界，其结果就是会加速其进行相关学习的进程。

　　小脑的功能是进行"有教师指导的学习"。"有教师指导的学习"指的是人类为了获得已经知道的正确答案而进行的机器学习，是一种对输入数值的答案进行预测的机器学习模式。人类在掌握运动方法后会不断练习，使自己的身体活动变得流畅、熟练。虽然最开始的运动会十分笨拙，但是在不断运动的过程中会越加熟练。把自己的运动当作是一种标准数据在练习中不断完善。

　　海马区充满了未解之谜，这个区域控制着多项机能，但主要是控制短期记忆。人们会把说过的词汇在今后反复使用，也会进行加法减法运算。这些都是海马区控制短期记忆并进行数据处理和操作的结果。人们使用语言或者"动脑想一下"的时候基本都是大脑皮层和海马区进行数据信息处理的过程。

/　短期记忆与长期记忆　/

关于海马区与记忆，我再做一些说明。我们一起做一个游戏吧。随意列出几个数字，然后记住它们。

1，5，3，2，默念三遍，记住这四个数字。

相信大家都能记住，虽然记忆四个数字看似简单，实际上这是一个十分复杂的工作。为什么这么说呢？我们在下面做一下解释。

外界事物对大脑做出刺激，大脑内部的神经细胞几乎同时会进行放电（神经细胞内外部电位差急速变化），神经细胞间的联系会加强（赫步定律），神经细胞会产生长期且缓慢的变化。这就是在进行记忆时的流程。因此，记忆需要时间，识读文字需要时间，学习数学也要一定的时间。

既然神经元要进行长期的变化，为什么上面提到的四个数字我们却可以迅速记住呢？这不是因为人脑因神经细胞发生变化，而是人脑内信息流动的反馈链发生了变化，也就是说大脑内涡回状态发生了变化。

　　人类的脑回路通常是在信息进入后就流出的，很难进行储存。但是为什么我们能够进行记忆呢？应该就是因为脑部产生涡回，进而存储信息。这一变化十分不可思议。

　　人们认为短期记忆向长期记忆转化是因为海马区参与记忆的结果。

　　人们使用语言对信息进行分解，进而使长期记忆成为可能。（人脑将信息进行分解记忆，因此，在重复记忆时有很大一部分内容是大脑自己补充捏造的。）

　　由于人类使用文字书写的方式记录保存信息，这使得各类信息都可以长时间保存。存储信息可以说是人脑最为重要的思维功能。

　　让计算机记忆数字是一项十分简单的工作，只需要输入数字即可。计算机会原封不动地记忆输入内容。在计算机中将输入的数据1和0存储在半导体元件的机理被称为触发器（双稳态多谐振荡电路），这一存储机理成为存储循环的技术基础，它十分接近于人脑的存储涡回。

半导体存储元件的设计十分精密，可以进行大量记忆的储存，只要不拔掉计算机电源半导体元件就能够不断进行存储，且存储的数据不会遗失。但即使切断电源，非易失性存储器中的存储内容也不会被破坏。所以计算机不存在将短期记忆转化为长期记忆的概念（为提高计算速度，计算机内多安装可快速读取的存储器）。因此，可以说将短期记忆转化为长期记忆是人类特有的机能。

有的人具备"影像记忆"能力，可以瞬间记住看过的视频或者图像。这从反面说明了并不是所有人类的大脑都具备影像记忆的能力。影像记忆能力对于人类生存具有有利影响，因此，通过训练来掌握影像记忆能力的人正在增多。

人类具有能将得到的信息进行抽象化的能力，比如说，在经历一件事情后，人类会进行总结，当再次遇到类似事情时就能很快应对。人类没有必要把所有信息都记住，只要抽象出主要信息即可。因为，不会有两件完全相同的事情重复发生。在讲义1的最后我们提到了，分解信息的能力，也就是说忘记完整细节，对重要信息进行抽象的能力对人脑来说才是具有实际意义的能力。

/ 出现错误时追根溯源 ——误差反向传播法的机制 /

在本书最后的访谈部分我会向大家介绍AI研究员杰弗里·辛顿。当AI和神经网络方面的研究在研究领域衰退时，他仍然专注于这个领域，现在在深度学习领域取得了突破性成果，称得上是这一领域的传奇人物。他在访谈中提到，在AI和神经网络方面的研究停滞的时候，人们受人脑机制的启发主要转向研究算法。

首先，我们介绍一下使用神经网络进行学习时的相关流程。主要包括两个方面，一是利用AI使用大量数据的"学习阶段"；二是运用学习成果对新的数据进行分类的"推理阶段"。

举例来说，在图像识别技术中，判断图像中被拍摄的物体是不是猫（推理阶段），具体有以下几步：

① 输入图像。

② 输入各图像要素数值。

③ 数值从输入层开始被神经网络分为多层数据，各个神经元对数值进行计算。

④ 输出层输出数据，对图像结果进行判断。

神经网络的各个连接线都有自己的"权重"，有的连接线较粗，有的则较细。充分利用神经网络进行计算，就可以对图像中是否是猫做出正确判断。

在"学习阶段"各条连接线的权重就已经确定了。确定权重的方法是"误差反向传播法"。假设输出层做出的"图像是猫"的判断为错误判断。这时，错误的判断结果会被逐层返回输入层。同时在这过程中，各条连接线的权重会被修正。从数学上来讲就是"取误差的函数微分调整其权值"。

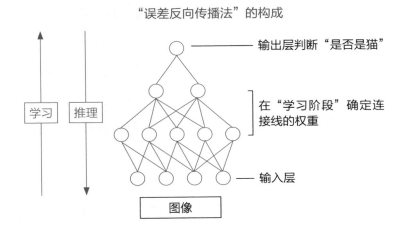

我们以公司为例进行类比。我们将公司的构造进行图表化。普通职员将信息提交给科长，科长再转交给部长，部长最终将信息提交给社长。社长根据这些信息做出一些判断，比如说决定是否开发新产品。

假如社长决定开发新产品了，但是新产品的销量十分不好，这时社长就会批评部长："都是按照你的提议来做的，这个产品完全卖不出去。"挨批评的部长会找到那个科长，再批评一顿："是你说要做这个产品的，我就听了你的意见。"接下来科长找到下属，再批评一顿。总结下来，在出现错误的时候，社长会削弱自己和部长的联系，把责任推给部长，因为信息是部长给的。同理，部长也做一样的关系弱化，把责任推给科长。但是当依据这个信息做出的判断是正确的，人们就会强化自己和下级的联系。在这种不断修复联系的过程中，这家公司会不断做出正确的判断。

上述内容便是误差反向传播法。根据结果的对错将修正权重值的指令传递回上一个神经。这种"误差反向传播算法"被广泛应用于神经网络和深度学习当中。在完成一次学习之后，对于未知的新数据可以进行多次推理。人们常说："AI学的东西越来越多，变得越来越聪明。"但是，"学习阶段"和"推理阶段"很难同时进行（当输入学习数据时，每次用时的数据都是新的数据，这种学习方法也被称作"线上学习"）。通常在"学习阶段"为了更正权重值，要先对未知信息进行正确标记再让AI进行学习。

公司组织

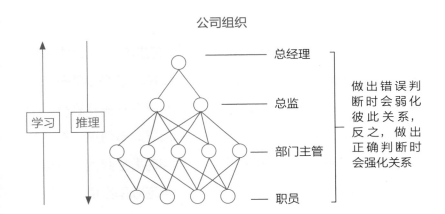

/ 日本人不能发好"L"音和"R"音的原因 /

让AI进行学习时，需要有人参与的重要工作便是"设定超参数"。模型参数是在机器学习中不断进行调整的参数，超参数是比模型参数更为上一级的参数，需要事先进行设定。超参数包括神经网络的层数、种类、结构，激活函数（Sigmoid函数、Softmax逻辑回归模型、ReLu、恒等函数等），输入输出的设定方法等。

其中一个重要内容是"学习效率"，它指的是机器学习在进行更新权重时，如何调整变化程度的比率。这个数值不能过大也不可过小。如果数值过大，在最初时学习效率特别高，中途效率会降低，最终无法很好地学习。反之，数值过小的话，学习时间会变长。所以在最开始进行学习时要把数值设置得较高，并随着学习的进行，不断向下调整学习效率数值，使其达到一个合理数值，进而实现高效学习。

把这一过程简单分析的话，这和人类成长过程中的学习效率变化是有一定相关性的。在讲义1中提到了婴幼儿的学习过程，人类在小时候学习效率比较高，随着年龄增长，学习效率逐渐降低。

比如在声音识别方面有一个十分显著的现象。日本人很不擅长区分英语中的"L"音和"R"音。如果一个日本人小时候是在英语国家长大的，那么他能比较容易区分这两个音。日语本身是不区分这两个音的，所以如果是在日本出生长大的话，很难区分这两个音。这与中国南方人的"L"与"N"很难区分类似。

人与人的对话最开始输入的是声波。人脑将声波进行处理分解为音素，再次处理为一个单词，最终形成一个句子。也就是说这个过程是从下到上的逐层积累。

如果不能确定音素，那么接下来的学习就无法开展。所以要在一定的年龄范围内接触并强化某个音素，之后再进行下一步的学习。人类在成长过程中学习自己本国语言，在熟练掌握之后就很难分辨出自己本国语言中没有的音素。

/　过拟合——AI不能应对的时候　/

AI在图像识别上远远超过了人类，但是识别的正确率并不是100%，有时能够正确识别，有时也会识别错误。那么，我们想一下为什么会出现这种情况。

AI通过误差反向传播法来对输入的图像进行判断，判断图像内容是否是猫。在判断正确的情况下，神经元之间的联系会加粗，反之会变细。如果线条的粗细（权重值大小）无法正确调整，就会出现"过拟合"现象。对学习数据进行过度拟合会提高识别的正确率，但是对新数据的判断准确率就会下降。也就是说，只能对已有的数据进行最优拟合。

举例说明，某人为通过考试而进行学习。他把练习题反复做了几遍并取得了100分，但是到了正式考试的时候只考了20分。而另外一个人在做练习时得了80分，在正式考试时得了70分。大家认为哪个人的学习效果比较好呢？

当然是第二个人。第一个人虽然练习做得好，但是动真格时不行。他只是记住了练习题的答案而已，当出现新的问题时他不知道如何解答。深度学习亦是如此，通过死记硬背进行学习，却得不到好的学习效果，我们称这一现象为"过拟合"（过度拟合，过度学习）。当然还有一部分原因是学习能力不足，我们称之为"欠拟合"。

为了更好地学习，要做的不是死记硬背，而是要把知识抽象化，抓住要点，把握要点与答案之间的关系。这一过程被称

作"泛化"。如何提高泛化性能呢？该让AI如何学习才能避免
出现"过拟合"情形呢？虽然在练习和正式考试中无法实现相
同的准确率，但是深度学习有其特有的解决方法。

方法之一就是"Dropout"。概括来讲"过拟合"是指记
忆的不是某一问题的重要部分。Dropout将神经元随机减少一
半，使用剩余的一半来让AI进行预测。

随机减少神经元的方法会逐层依次改变。这样会使被记忆
特殊特征在某一层中起不到作用，因此要对其他特征进行记
忆，进而记忆更接近于本质特征量（进行机器学习时表示被使
用的数据的变量）的数据。

防止"过拟合"的方法还有很多。比如想让AI识别图片内
容是猫还是狗时，在图像中混入其他不必要信息（摄动、噪声
等），或者将图片旋转、改变图片大小，使AI在干扰因素较多
的情况下也能做出正确判断。通过这些做法提高AI图像识别的
精准度。深度学习不断进步的原因之一便是这样细致的手法和
做法的不断积累。

"Dropout"的构成

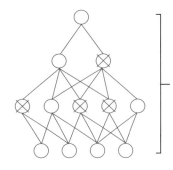

随机减半神经元数量，利用
剩余的半数神经元进行预测

/ 人脑之谜与AI的进化 /

多年来一直有这样一个说法：在人脑中未发现误差反向传播法现象，人脑也不会进行误差反向传播。当然，也有研究学者持相反意见，他们认为：如果人脑中没有误差反向传播机制的话人类是无法进行学习的，即使不是完全相同，也会有类似的机制存在。

大脑中是否存在误差反向传播机制现阶段尚没有定论。不仅仅是AI，计算机也是用"0"和"1"的形式来处理数据，但是大脑是否也是这样处理数据现在还不能下定论。

人脑神经回路依靠神经元放电来传递信息，神经元的状态有二，一是放电状态，一是未放电状态。看上去这两种状态可以类比为"0"和"1"。

但是"0"和"1"这两种状态并不能完整概括所有状态，我们用开枪来模拟放电，枪声可以为"哒哒哒哒"连续四声，也可以是"哒、哒、哒、哒"间歇式四声，二者频率不同，信息处理方法就有所不同。因此，处理数据的方式不仅仅是"0""1"，也可能是连续的数值。

我们在前文中提到，神经网络研究是模拟人脑的结构。换句话说，只要弄清了神经网络的原理，人脑能做的事情，神经网络就能做到。

但是现阶段，神经网络和人脑还有相当大的差距。神经网络的构成层数较多，激活函数使输入信息在输出阶段具有了更多的意义，它们已经和神经元没有太多的联系了，逐渐具备了更为单纯的性质。所以，无法用简单的一句话说清神经网络是什么、人脑是什么。

人脑和AI的关系就像是鸟和飞机的关系。人类在发明飞机时模拟了鸟类，将鸟类飞行行为抽象化，用发动机提供推力，两侧机翼将其转化为升力。但现在鸟类和飞机是不可以直接相比较的两类东西。所以，深度学习虽然模仿了人脑的机制，但是它在向数理化、抽象化的模型转变，已经和人脑大不相同。

我在讲义1中提到深度学习是一项使用了神经网络的技术，但是在这里我更想说，它是一项使用了"复杂函数"的技术。

/ 世界和人脑都是层级结构 /

深度学习出现以前，机器学习的模型还处于比较浅的层级，基本上都只有一个层级。但是现在机器学习的模型出现了很多层级。

那么层级增多、重叠会有什么好处呢？

对于这一问题，一般性的回答是"准确率会提高"。输入层与输出层之间的各层中会出现新的节点，对数据进行更迭，层数越多，预测准确率就越高。

在图像识别中，为判断图像是猫还是狗我们设计了一个"猫函数"。在实际学习图像的阶段，需要学习大量的变量。深度学习会借助函数增加隐含层的数量，使得在少量参数的情况下也能提高准确率，实现有效学习。

我们以做菜为例进行说明，某种食材如果只用过一次，那么做菜的人只能做出比较简单的菜品，但如果多次使用该种食材，就能用它做出多种菜品。深度学习也是同样的道理。

从工学的角度来解释层级可能不是最好的答案，那我们对比人类生活来解释层数增多加深的好处。

我们生活的这个世界就是具有层级结构的。比如，猫的面部是由眼睛、嘴、鼻子和胡须等组成的。胡须由几根线形毛发组成。与之类似的是人类社会也有很多事情是有层级结构的。比如说语言，音素组成单词，单词组成句子，句子组成文章。公司等社会组织也是由各部分组合到一起构成一个整体。所以，有一种观点认为AI学习法也应该导入这种层级结构。

虽然都统一使用了"层级"这个词，但是，深度学习的层级是无法和人脑的层级相比较的。

比如，人脑视觉层可以分为功能各异的各个层级。这里提到的层级要比深度学习的层级更为复杂，而且人类尚不清楚各机能单元。

此外，人类大脑皮层也是由六层组成。有一种说法称，大脑皮层也在进行着统计学中贝叶斯推理一样的工作。也就是即使提供的信息不够完整，人脑也会做出相应回答，并且在获得新的信息时会提高答案的准确性。

人脑中数万个神经元组成神经突触，构成了人脑的机能单位。神经突触与杰弗里·辛顿提出的"胶囊网络"的概念十分相似。胶囊网络是指一项从何处听到信息就向何处做出回应、以胶囊（"胶囊"比神经元具有更强大的功能）作为功能单元的新技术。它与以往的神经网络在性质上有着很大差异。

/ AI能够具有意识吗 /

虽然人脑和AI无法进行简单的比较，但是在AI时代人们还是对这个话题乐此不疲。我们能够让AI带有"意识"和"内心"吗？

我们在前面提到了"中文房间"的试验，这一试验的提出者约翰·希尔勒将AI分为"强AI"和"弱AI"。"强AI是指计算机不再是单纯的工具，其精神寄宿在已经进行了正确编程的计算机当中。"

"精神寄宿在已经进行了正确编程的计算机当中"这句话换一种说法是，计算机能够"区分"自己和他人。

我认为即使计算机能够进行这样的区分那也会是在未来才能实现的。假设AI具备了意识，那么要怎么做才能让它具备意识呢？

首先，AI要弄清我们在讲义1中提到的"符号接地问题"，只有理解符号才能"想象各种情况"。当AI能够想象分辨各种情况时，它就理解了"自我"这一抽象概念。这种状态就可以称作"具有意识"，在其中也会产生某种"反馈性"。

意识具有反馈性，就是自我在意识到自我存在的情况下主动去意识自我。

这就像是照镜子一样，镜子中会出现无数成像。这种"对镜成像"的感觉就是人类感觉到意识的感觉，也就是自我意识。

那么能否让AI具有"内心"呢？或者比起获得"意识"，AI更难获得"内心"。我们首先要知道什么是"内心"，人们对"内心"一词的理解也各有不同。在这里我只说一下我自己对"内心"的理解。

我们在提到"内心"的时候，它不仅包含"意识"层面的意思，还包含一定的社会性要素。人类是社会性动物，简言之，人类是聚集在一起共同生存的生物。与其他动物相比，人类力量弱小，没有锋利的牙齿和爪子，很难在深山、大海、丛林中生存。

但是人类通过相互协作成为动物界中最强的生物。遇到困难时，会获得别人的帮助，这在发挥种群优势上具有重要意义。"内心"就是在这样的社会性群体中诞生的。

关于"内心"有大量的研究和学说，但是仍没有定论，一半人认为大猩猩没有办法像人类一样读懂同类的内心。比如说，茶杯离我很远，我伸手去拿，离茶杯很近的人就会把茶杯递给我。但是，如果我对着大猩猩伸手，它应该不会给我递茶杯。

而人类是在察觉到我要拿茶杯时就主动地把茶杯递给我了，这就是在读懂了他人的内心后做出的行为。

人们会去察觉对方的心理，想其所想。这是一种假设，假设人们是具有"内心"的，我们就会去猜想对方想要什么、想做什么，之后采取行动进一步帮助或者阻拦。

人类社会有一种规则是"约定"。类似于"我为对方做了些什么，当我遇到困难时对方也会来帮助我"。基于这种给予与索取，"契约"概念就诞生了。

我找人借了1000日元，说好明天还，但是第二天我没还钱，还说："借钱的那个是昨天的我，和今天的我不是同一个人。"这样会怎么样？肯定就和借给我钱的人闹僵了。如果所有人都这么做，那么社会就没有信用可言。

只有人们承认"昨天的自己和今天的自己是同一个人"，人类社会才能运转下去。当别人在读取我们内心的时候，我们的内心也最好保持一直不变。

别人为我做了事，我也要为别人做些事，这就是所谓的"报答性"，只有这样，人类社会才会正常运行。如果我们坚持这一理念，那么AI就没有社会属性，也不是生物。即使它能对过去的信息进行抽象化形成自我意识，它也不能形成始终如一的"内心"。

/ 恋爱确定人的"目的函数" /

假设我们只做了两款机器人——"男机器人"和"女机器人"，并且假定我们可以设定程序，使男女机器人互生情愫。

但是，这是我们想象中的恋爱吗？

我个人认为AI是无法带有感情的。AI可以识别人类的感情，比如通过人类的表情来识别喜怒哀乐，并根据识别结果做出相应的行为回应。但是，感情和本能是生命生存延续的产物。AI本就不是生命体，所以AI不会带有真正意义上的感情。

人类的本能和情感在进化过程中得到了不断的丰富和扩展。我们在吃东西的时候会感觉到美味，这就为我们的生存状态增加了积极因素，当我们看到腐烂的东西，会觉得它的气味难闻，不可以食用。感觉对人类生存有利，人们会觉得快乐，反之会觉得悲伤等。我自己喜欢美食，在吃到好吃的东西时，我会庆幸我有能够感受美味的机能。

从工学的角度进行解释就是"确定目的函数"，提供一个评定某种行为好坏的评价标准。

恋爱、妊娠、分娩是人类必经的几件大事，经历过这些事情后我们的评价标准也会发生变化。但是对于生物来说，改变评价标准是十分危险的。因为此前都是根据原有标准进行的学习、生存，突然转变评价标准，会有很多不适应。之前学的东西都用不上了，那么之前做的事情是对的，现在看来是错的，甚至是危险的。

　　但是实际上这些标准的变化是因为实际需要才出现的。如果喜欢一个人，甚至会喜欢上对方喜欢的东西。随着评价标准的变化，自己的行为和思维方式也会发生改变。也正因如此，人们内心中会出现冲突，做了之前不会做的事情。而这也正是人类不同于AI的有趣之处。

/ "进化" 与 "学习" 的区别 /

　　根据前面提到的内容，我们可以总结出：被称为"内心"的概念以及人类的本能和感情都是进化的产物。这些因进化而来的特征不同于学习等思维结构，是需要做"精细设计"的。这种设计很难植入AI和机器人身上。虽然看似能够读懂人的内心，但是想要真正具备"内心"是要经过漫长进化的。

地球大约诞生于46亿年前，在漫长的岁月中，90%的生物都灭绝了，地球环境发生了巨大的变化。其中比较著名的是恐龙灭绝，恐龙在白垩纪末期灭绝。在这之前曾出现过四次大规模的生物灭绝，灭绝的生物数量无法估量。但是，人类等生物却在生物大灭绝中生存下来，并且延续至今。这主要得益于进化与学习。

进化论中有一个著名的法则：适者生存。这一法则适用于所有生命体，只有适应环境的生物才能生存下来。

以厌光生物为例，比如深海鱼，它们适应了没有光线的环境。这其实也是一种进化，是学习的结果，它们可能也曾去过光线充足的海域，但是发现那样的环境有种种弊端，最终学会了回避有光的地方。

那么，进化和学习到底有什么区别？在何种场合下依靠进化获得能力？在何种场合下依靠学习来获得？

一般而言，学习需要生物付出成本，需要使用大脑和神经回路。因此在环境不发生变化的情况下，进化占据优势地位（进化结果会被录入遗传基因中）。反之，如果环境发生变化，为了应对变化生物就要进行学习。与其他生物相比人类更加重视学习。

人类缔造了社会，并不断地改造着环境。比如，根据环境变化改变教育制度，培养出符合时代要求的各类人才。这便是应对环境变化的灵活做法。

任何生物为了个体生存和传播种子都在进行各种努力。人类则依据以往的文字、数据进行学习，形成了一套比任何生物都要巧妙的生存机制。

而AI就是尝试将人类的这套生存机制运用到计算机上，可机器人再怎么具备运动能力也是无法自行进行进化的。所以，人类和AI完全不同。

/ 人类是能够本能地学习的动物 /

开发AI的目的有很多，其中之一就是探索"智能"。

人类的智能到底是如何构成的呢?

可以用工学手段创造智能吗?

人脑科学家通过分析人脑的机制来进行探索,而AI研究员则是通过已知事物来进行逆向推理。

在前面的内容中我已经提到了人类的发展、学习和生物学上的进化有着巨大的联系。

大多数鸟类是可以飞翔的,这也是理所当然的。对于鸟类来说,"飞翔"是它们的一个重要行为,早上鸟类会啾啾鸣叫,会筑巢,会哺育雏鸟等,这些都是鸟类生存所必需的技能。在生物的进化过程中,每种生物都获得了各自的本能。

人类的本能就是运用智慧与智能从大量数据中学习,从而获得远超出其他生物的生存能力。但是在生物进化过程中产生的感情和本能又是另外一种独立的存在。我认为当今社会就是建立在法律、行为规范、伦理观、道德基础上的,而这些都是人类的感情和本能的具体体现。

探索"智能",更加具体地剖析的话就是要探索人类最强武器——"智能"的机制,同时探索智能以外的人类特性。

讲义3

AI能够创作艺术品吗

2016年，有AI参与长篇电影脚本制作的策划案被执行，这个策划案基本上是AI和人类共同参与的，其中利用AI制作了电影的结构与梗概。

电影的名字是《不可能的事》(*Impossible Things*)，这是一部惊悚片，在其预告片中提到了作品是由AI制作的。虽然不是十分完美，但也在现有的条件下保证了最好质量。如果不知道是AI制作的话，超过一半的观众不会发现这是AI制作的电影。最近，我还看到了其他的电影预告片中也提到了"AI制作"。

在这一节中我们的话题是"联想"。

现在很多领域的艺术品制作，以及以往只有人类才能参与的创造性工作中都出现了AI的身影，这是真正意义上的"创造性"吗？那么"创造性"到底指的是什么？

/ AI如何作画 /

最近谷歌发布了"AutoDraw"等一系列使用深度学习的绘画软件。在安装有该软件的智能设备的屏幕上进行绘画，只需要画一个开头，其余部分软件会自行完成。

这项技术能够从图像中提取高层级的特征量进行绘画，这在前些年是无法实现的。

比如在画人脸的时候，要画上脸的轮廓、眉毛、眼睛等，要将这些要素抽象化通过神经网络让AI进行学习。让AI在人画出第一笔之后能够预测下一笔要画的内容。

下面具体解释一下这项技术的原理。

AI将人脸当成是像素的集合。之后在像素集合中找出几种组合，之后再细化每种组合。所以当AI在绘制人脸图像时会依据存储的各种组合来重现组合。

假设我们在屏幕上画一只猫。人只画到一半就停下来，AI会对图像进行分析。依据像素信息提取各种特征量，之后再逐层提取更高级别的信息量。

在第一层提取所画线条的轮廓和各点；在第二层识别各类形状组合，比如正方形或圆形，之后识别出要画的内容是猫；最终进行更为高级的识别，识别出未画出的部分，并自动补全未画出的部分，进而完成画作。

在学习阶段，AI会不断对比输入数据与输出数据，使输出数据接近输入数据。这就是使用深度学习进行绘画的"深层形成模型"。

在学习深层形成模型时，需要输入数万张图像。如果是插画的话可以使用谷歌搜索引擎中的插画图像作为学习数据，同时也会利用网上的资源进行学习。

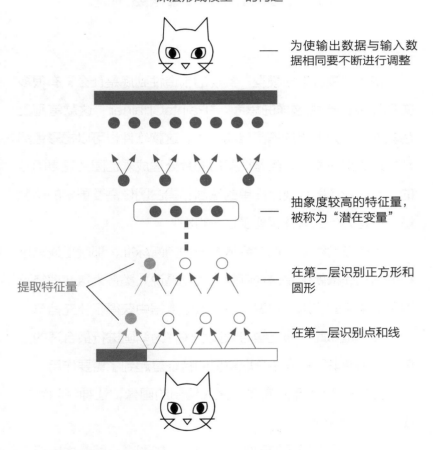

"深层形成模型"的构造

为使输出数据与输入数据相同要不断进行调整

抽象度较高的特征量，被称为"潜在变量"

提取特征量

在第二层识别正方形和圆形

在第一层识别点和线

/　AI最擅长的艺术领域是绘画吗　/

使用"深层形成模型"实现的创造性到底是什么？有很多实例让我们产生这样的思考。"PaintsChainer"这款笔画上色软件可以为上传的笔画自动上色。这款软件也可以把彩色图片处理成黑白图片，但是把黑白图片处理成彩色图片是更困难的。因为彩色图片要比简单的笔画和黑白图像需要更多的信息量。但是为什么软件实现了这一点呢？

人类在给线条上色时会依据一种判断标准，那就是通常这种笔画和线条就该是这种颜色。也就是说人类在大量数据经验积累中学习到了这个知识，并在其他数据中获得了补充信息。

AI也是如此，通过学习大量图像，为笔画进行最合适的上色。在图像识别过程中提取重要的特征量起到了重要作用。

谷歌在2015年发布了一张AI绘制的画像，让神经网络完成了画像的绘制。

这幅图是以城堡的画像为原型绘制的图像。图像中出现了很多动物，在左上角出现了一只瓷瓶。如果这只是一张城堡图像的话，却在不该出现其他景物的地方出现了大量景物。而且城堡的墙壁看上去像是一张人脸。乍一看可能不会察觉，但是仔细看的话便会发现这点。

在梦中总会出现现实生活中不会出现的情形。我们在梦中看到某个东西看似像鸟，可能下一个瞬间它就会变成鸟，扇动翅膀飞起来。谷歌的这项技术与人类的梦境很像，因此将其命名为"Deep Dream"（深度睡眠）。

"Deep Dream"是运用深度学习开发出来的软件。为了加深对人类认知的过程，需要一些暗示。患有感觉统合失调症的患者在与精神科医生聊天的过程中，也画出了与这张图片类似的画。当然，我们去思考"Deep Dream"绘制的图片是否能被称为艺术品也是一件有趣的事情。

下面介绍AI创造的另外一件"艺术作品"。

2016年，17世纪初的著名画家伦勃朗的又一"新作"问世。这件作品是由莫瑞泰斯皇家美术馆、伦勃朗故居博物馆和微软公司等合作的产物，被命名为《下一个伦勃朗》。作品采用3D打印技术绘制，颜料的叠加使作品凹凸分明，更具立体感。

AI对伦勃朗的所有作品以像素为单位进行分析学习，运用伦勃朗特有的笔法组合，最终创作出像是出自伦勃朗之手的作品。

首先AI学习在什么部位使用什么颜色，之后学习相关联的部位之间的颜色组合，以及哪种特征会成组出现。以此来学习画家（这个例子中的画家是伦勃朗）的绘画风格。该项目的开发者表示，从统计学的角度来看，相同的颜色搭配会成组出现，AI对其进行了很好的把握。

在AI学习了伦勃朗的绘画风格和颜色组合后，给AI下达"画一名中年男子"的命令，AI就会在存储的像素中选出符合"中年男子概念"的像素，在计算的同时将其输出。因此AI绘制的作品与伦勃朗作品的特征量相似。其结果就是创作出了像是出自伦勃朗之手的新作。

/ "学习"与"模仿" /

在《下一个伦勃朗》的制作过程中，肯定也会有大量的失败案例出现。比如说程序的错误使用会导致不同类型的作品被绘制出来。此外，由于变更超参数、变更条件，以及重复试错等会有大量作品出现。所以发表出来的这幅作品应该是所有作品当中最好的一幅。

即使会出现很多错误，但是基于以往数据，AI绘制出如此高质量的画作，这在以前的技术水平上是无法实现的，我认为这是十分卓越的进步。

现在也可以运用相同的技术来进行作曲。把"南方之星"的主唱桑田佳佑的作品输入系统当中，AI就可以制作出具有桑田佳佑风格的曲子。

运用这项技术创作出来的新曲子，人们在听到的时候会觉得是桑田佳佑的新作品，但实际上，这只是模仿桑田佳佑而创作的作品。这就好像是人类在出生之后就一直在模仿一个人的行为而进行生存。

一般认为："学习"和"模仿"这两个词拥有相同的词源。我们在模仿的时候，逐渐地掌握了模仿的方法，同时将各种模仿方法进行融合，开发出另一套模仿方法。这就是我们日常生活中每天都在重复的事情。有人会觉得：那进行单纯的模仿，这不也挺好吗？

虽然只是模仿，但是能想出模仿什么是十分困难的过程。我们要从模仿对象当中提取自己想要模仿的要素，把各项细节进行抽象化。实际上，"模仿"这一行为就相当于抽象化。在抽象化的基础上，根据具体条件再将行为具体化。

当我们遇到具体事例的时候，选择如何抽象模仿，以及选用何种模仿方法这些都是十分困难的。深度学习之所以能够进行绘画创作，是因为计算机能够进行这种复杂的抽象化。

/ AI时代的著作权 /

AI技术已经发展到这种程度，甚至可以绘制出类似于漫画家藤子·F.不二雄的作品。但是在现阶段，还无法实现画面的切割以及故事的编写，只是能够创作出类似于出自漫画家的作品。但是随着技术的不断发展，漫画的制作方法也会发生巨大的变化。

在当今时代，可以使用AI进行艺术创作，那么创作者所进行的一系列活动真的是创造吗？正如我们在上文中提到，将以往的大量数据进行组合、模仿而创作出的作品真的具有创造性吗？

这当中也肯定回避不开著作权的问题。今后，随着AI技术的发展，运用高水平的AI技术可以快速创作出大量作品。对这些作品的著作权进行保护也是一个重要的问题。著作权原本是对努力创作的人的权利进行保护。所以今后在AI时代里我们要对这种新形式的著作权采用新的理解方式。

假设我们让AI学习大量数据创作出新的漫画作品，那么这部漫画作品的著作权归属于谁呢？按照现有法律进行解释的话，机器学习和深度学习是通过统计数据、分析数据进行的创作，因此它们不享有著作权。所以，运用AI技术制作出来的漫画现阶段不属于著作权的保护对象。

这看似有些奇怪，但是仔细想的话，人类漫画家也是读了大量的漫画之后进行学习和创作的，这些漫画家也无法说自己的创作完全没有参照以往的作品。因此，今后我们要对"创造性"这一概念进行重新思考。

/ 猴子与莎士比亚 /

这里我想介绍一下思考实验"无限猴子理论"。

假设我们手上有一枚骰子，这枚骰子不是写着"1"到"6"的6面体。假设这枚色子是多面体，投掷这枚骰子可以得到的结果是字母A到字母Z。我们把这名骰子交给一只猴子，让猴子进行投掷。在无限的时间当中猴子不断地投掷骰子。字母A、B、C……Z会随机地出现，把这些出现的字母记录下来，组成一段文字，文字的一部分可能会是莎士比亚作品中的一个选段。猴子所进行的是单纯的投掷动作，其结果是构成了一部具有创造性的文学作品。我们可以说这部作品是由猴子创作的吗？人类作曲家也会进行大量的作曲尝试，同时也会对自己的作曲结果进行选择。这部作品比较好，那部作品不是很好。他会在大量的试作中选择出最好的一部作为最终作品。那么作曲家的行为与猴子投掷骰子的行为有什么区别呢？我认为区别在于，相比于猴子投掷骰子，人类作曲家进行创作的时候具有更高的准确率。这样的话，创造性是与效率和准确率相互关联的。

重要的是，创作行为是否是刻意的？带有多大的目的性？自己构思的东西有多高的精准度？因精准度的不同其结果也会不同。换句话说。自己头脑中思考的作品，在经过自己不断地评价、取舍后，最终形成的东西才是真正的作品。

因此，能否对创作的东西进行评价对创造性来说是十分重要的。

/ 将棋、笑话、电视会因AI而发生改变吗 /

接下来我们转换一下视角，来看一看艺术层面以外有哪些领域能够有效使用AI技术。

首先我们聊聊日本将棋。藤井聪太等很多年轻棋手都在使用将棋软件进行训练。

将棋软件会将评估值以分数的形式体现。现在棋盘上有多少棋子？对哪一方有利？都会以分数的形式体现出来。并且会根据当前局面做出迅速的判断，走哪一步会比较好或者不好。

在以往的对局过程中，如果没有下到最后一步是无法分出胜负的。所以，棋手们会在对局之后对以往的对局进行反思。

"今后为了扭转棋局，这样下会好一些"，棋手们会用较长的时间来进行假想对局。

但是现在使用将棋软件进行对局的时候，评价值会实时出现。棋手也会立即对局面进行判断，所以今后将棋的学习方法必然也会发生巨大的变化。以往是人们将将棋的棋谱以数据的形式输入计算机当中，今后将会反过来，人类棋手将会通过计算机来学习如何下棋。

接下来我们聊一聊笑话。

我们可以通过数据的形式来对听相声的观众的反应进行收集。理论上我们可以通过AI技术对观众的反应以及笑容等信息进行收集、分析，弄清观众是在听到何种内容时发笑的。

在西班牙的巴塞罗那有一家剧院Teatreneu。这家剧院不出售门票，只有在观众笑的时候才会收费，而且采用的是阶梯收费制。每个座位上都安装有平板电脑，会对观众的笑容进行识别，每笑一次收一次钱。

通过分析谁在什么时候发笑，得出的结果会对电影、电视剧、演唱会、脱口秀、视频广告制作等产生直接影响。实际上，迪士尼公司的研究部门会使用紫外线对观看电影的观众的表情进行分析，对观众们的感情进行区分。通过对观众反应的实时分析，及时改变播放内容。

最后我们聊一下电视。

通过长期观测电视节目观众的反应，可以获取更为精准的数据信息。在一个家庭当中谁看了电视？看了哪些节目？谁在专心地看电视？在播放广告的时候，有多少人离开了座位？这些数据都是可以通过AI获取并分析的。

已经有很多电视台通过AI对市场进行分析，会借助AI确定收视率较高的节目和播放广告的时间以及字幕的插播方式。

通过以上的论述，我们可以得出结论：不论是将棋，还是笑话，还是收视率，只要我们明确对其的评价方法，都是可以让AI评估并对数据进行学习和分析的。

/ 人类获取东西所具有的意义 /

在之前讲义2中已经提到了，在生物漫长的进化过程中，人类为了自己的生存下了很大的功夫。其结果是对事物做出了或恐怖或开心或美丽的判断。人类具有多样化的感情，这也是进化的结果。

艺术原本的目的就是反映这种情感的变化。因此"创造性"一词当中包含了人类对生与死的理解，以及作为生命在进化过程中获得的具有重大意义的事物，相信大家对此有了新的认识。

我个人认为现阶段AI技术是难以创造出能够打动人类内心、能称得上是真正意义上的艺术品的。虽然AI技术可以去模仿以往的艺术品，但是AI制作出来的电影最终真的能打动人心吗？

在电影当中必不可少的是经过反复推敲的故事情节，并且随着故事的发展，观赏者内心的变化要不断做出相应的反应。

艺术是基于构成人类特性的复杂目的函数。

正因为AI无法与人类持有相同水平的目的函数，所以AI无法创造出真正意义上的艺术品。以抽象化作品和古典音乐为例，艺术家的大脑中出现了灵感之后才会进行创作，虽然AI也能够进行艺术创作，但是AI无法创作以人类的文化和社会为背景的绘画、音乐和小说作品。因为AI无法理解人类的心情，无法理解社会的结构，无法理解电影之外的文化内涵，AI也许能够正确理解这些意义，但这将会是遥远的未来才发生的事情。在实现这项技术之时，人类社会也会发生巨大的变化。

/ 掌握了"目的函数"就能进行艺术创作吗 /

在之前的内容中我们提到过，AI可以模仿桑田佳佑的作品，创造出具有桑田佳佑风格的新作品。但是如果没有桑田佳佑以往的作品，AI能创造出这种新的作品吗？

　　换句话说，AI真的能够创造出全新的作品吗？我认为在现阶段很难。至于难以实现的理由，我们最终还会归结为AI是否带有目的函数。

　　生命体的函数是只有人类才拥有的。因此，人类的创造性作品当中包含着丰富的意义。AI也无法实现在大量的样本当中选出一个作品进行评价。

　　在人类的世界当中有许多著名的制片人、设计师和艺术家进行创作，和他们一起合作的团队成员们会对其创作的作品做出或好或坏的评价，使其在选择中进行完善。这也就是人类带有目的函数的价值所在。（AI可以做的是提供可被当作是创作标准指针的作品。）

　　可以说理解人类的内心、思想、历史、文化以及多种价值观是为了使人类的"目的函数"更加清晰。

　　对于人来说能够判断什么是好、什么是坏、什么是美、什么是丑是一项非常重要的能力，而且这种能力是AI无法进行模仿的。

讲义4

AI机器人
为何难以实现

2017年引领世界的机器人赛事"亚马逊机器人挑战赛"在日本举办，吸引了世人的关注。前些年这项赛事的主题是"亚马逊分拣挑战赛"，在美国和德国举办。比赛内容为参赛队伍开发出的机器人从箱子里的大量商品中找出目标商品并搬运到指定位置，在一定时间内取出正确商品数最多的一方获胜。

同年，美国明尼苏达大学的科研团队研发出"仿生皮肤"，使机器人带有触感成为可能。

近年来使用AI或者深度学习的机器人不断问世。AI可以用自己的肢体去感知人类世界吗？能够像人类一样获得各种感觉机能吗？这一可能性还在进一步的探讨中。

同时，我想逐步弄清这种接近于人类的感知机能。

/ 请排除炸弹，只带目标物品过来 /

首先，我们做一个简单的游戏。

把自己面前的物品朝自己的方向移动，但是物品上放着一个炸弹。

大多数人都会避开炸弹，只移动目标物品。即使我不说"只要物品不要炸弹"，人们也不会把炸弹拿过来。

但是这对AI来说是比较困难的。为了让AI机器人把物品搬过来，首先要在机器人中写一个搬运物品的程序，但是机器人很有可能会把炸弹一起搬过来。

为了避免发生危险，要优化程序。让机器人排除炸弹，要如何改良程序呢？要清晰地写明：在物品上有炸弹的时候，要先把炸弹与物品分离，然后再把目标物品拿过来。但是目标物品上放置的东西不可能都是炸弹，也可能是其他的东西。

所以再进一步优化程序，"首先考虑目标物品上是否有其他物品，如果有，是否要一起搬运过来""其次考虑其他物品是否可以一起搬运"。

但是很有可能，机器人在搬运目标物品时会把放置物品的桌子一起搬过来；或者如果目标物品底面贴有强力胶带，搬运时会带动桌子；或者目标物品是用绳子固定在桌子上的。人类在搬运物品时会对现场情况做出识别和判断，这看似十分容易，其实却是一项十分困难的操作。

如果向机器人下达指令："在搬运物品前要计算是否有其他物品要一起移动"，机器人就会关注房间内的桌椅等目标物品以外的所有物品，并一一进行计算。这一计算过程是比较费时间的，如果目标物品上放置的是炸弹，那么这个时间内炸弹很有可能已经爆炸了。

那么要如何改良程序呢？

原本下达的命令是"搬运目标物品"，所以只要考虑与此相关的内容就可以了。对机器人的程序进行改良，只需要考虑目标物品周围的东西就可以了。之后对和任务相关性的现象进行计算。比如，搬运目标物品时地球重力是否会发生变化、房间的温度是否会发生改变等。

从严格意义上来讲，这些因素都可能关系到目标物品的搬运。比如要搬运的目标物品是燃烧着的蜡烛，把蜡烛从房间中取出，房间就会变暗，如果没拿住蜡烛很有可能引起火灾。所以，目标物品周围的事物都会与其产生联系。但是我们人类在搬运物品的时候是不会把所有因素都考虑一遍的。如果目标物品上放置的是炸弹，人类只会关注最大的影响因素——炸弹。那么人类为什么只关注主要因素呢？

这是美国哲学家丹尼尔·丹尼特提出的框架问题。AI 在感知状况的时候会去识别周围的所有要素，并以同等重要的程度去逐一判断。AI 不具有解决问题的合理框架。

婴儿即使不明白周围事物的性质，但是在玩玩具的时候会根据玩具的形状加以区别，比如这个是汽车，这个是炸弹。之后在重复玩玩具的过程中，通过翻转、投掷、移动，逐渐弄清楚自己的某个行为会引发何种问题，把这些经验以数据的形式进行储存。婴儿会在与周围环境的互动中学习世界的机制与结构。

所以人在搬运东西的时候，如果目标物品上有其他东西，会判断是否要一起搬运，知道即使搬运目标物品，房间温度也不会发生变化，房间的门不会突然自行打开。

　　身体的存在对于人类智能的形成具有十分重要的意义。在讲义1中已经提到过，以前就对身体对于AI的研究和开发起着重要的作用进行过讨论。那么是否存在"没有身体的智能"？没有身体的话，虽然能够搬运物品，但是否知道搬运的是什么物品，以及搬运物品之后会发生什么变化？

／ 如何改变"世界的不确定性" ／

　　向AI和机器人下达指令：把目标物品给我搬运过来，程序会启动，从而开始搬运物品。但是如果目标物品上面放置了其他东西，或者是目标物品的大小不同，机器人可能不会把物品搬运过来。也就是说，情况与之前设定的内容相同的话，那么机器人会很顺利地执行搬运命令，但是如果与预定内容稍有不同，机器人就无法顺利执行命令。

现在市面上有"扫地机器人"，但是却没有"整理机器人"，原因可能就是我们在上面提到的（可能今后会有所变化）。难以上市的原因是我们对机器人下达搬运物品的指示时，如果是特定形状的物品，是很容易进行编程的，但是如果目标物品的形状或者其所处环境与编程内容有出入的话，就很容易出现机器人不工作的情况。也就是很难让机器人识别未知事物，并对其做出反应。

之前已经重复很多次了，这一过程十分困难。它不同于在工厂工作的机器手或者其他机器人。但是随着深度学习的出现，情况出现了很大的转变。

人类可以搬运很多种类型的东西，因为我们从婴儿时期就开始做各种搬运训练。我们把自己面前的物品搬起、放下，这看似十分简单的动作，我们进行了无数次的重复。同时在"能搬得动"和"搬不动"的多次重复中，我们知道什么样的物品是可以搬运的，什么不行。在前面也提到过，我们学会认知自己做出某种行为后，会有什么相关的连锁事件发生。

比如，我们玩的插卡电子游戏，为什么我们操纵手柄，电视画面上的人物就会移动？当然，婴儿的行为是无意识的。婴儿在最初的时候不知道自己的行为会引起什么发生，是从什么都不知道的状态下开始学习的。

运用深度学习的机器人也是如此，让机器人顺利搬运物品也是从最开始认识物体，之后在不断失败中才能最后成功的。

"深度强化学习"是一种将深度学习和强化学习进行组合的技术。在讲义2中，我们已经提到了强化学习指的是在不断试错中找到正确解决问题的学习法。在让机器人进行学习时，用易于理解的词语解释目的，让学习成为一种"运动练习"。

使机器在练习中熟能生巧的同时，对"现在的行动流程"进行评价，评价良好则重复此前的做法。也就是说，"做的不错"的话，给出正面的回馈，机器人就会不断重复现有做法并不断强化，逐渐实现流畅操作。教会小狗和人类握手也是同样的道理。如果小狗做得很好，那么就给它一点食物作为奖励。这样不断地重复，小狗便能学会和人握手。这一过程是以食物作为反馈的。

强化学习在很早以前就有了，20世纪70年代AI领域也开始了关于强化学习的研究。但是这项研究在实用方面并没有取得很大的进展。其原因是让AI进行学习时，AI无法对现有状况作出判断。也就是在以往的技术条件下很难实现对情况的识别。

小狗也不是一直都会和人握手的，而是当它想向主人要食物的时候才会和主人握手。小狗学习的只是时机。也就是说，"在什么情况下做出什么行为会得到回馈"，要把这些连贯性行为都掌握。

/ 机器人与形容词，机器人与副词 /

为了能使机器人学习握手，需要做些什么准备呢？

机器人是可以做到抬起手和人类握手的，但是机器人并不理解这个动作。因为机器人没有握手的经验。但是人类可以给机器人设定一个程序让它去学习握手动作，或者让机器人模仿人类或其他机器人的行为来学会握手。

但是握手的时候要注意力度，不能用力捏对方的手，也不能一点儿力气都不用，单纯地去触碰。握手时必须要用适当的力道。所以要让机器人学会什么是"适当的力道"。

这时让机器人理解形容词的概念就显得十分必要。

假设我们手边有一支笔，我们如何判断用这支笔写出的笔画是粗是细？如果我们平时用的都是圆珠笔，但是现在手边这支笔是马克笔，那么很明显，它的笔画是粗的。因为在我们的意识当中，笔是分为不同粗细的。所以，在我们理解了粗和细这两个形容词之后就可以去进行描述。

那么副词又会怎么样呢？比如我们常说快些跑、慢些跑、高点儿跳、低点儿跳。我们在对某一动作的程度做出评价时，使用的就是副词。

把上面提到的内容整理一下可以看出，我们对名词进行修饰时用形容词，对动词进行修饰时用的是副词。以上这四种词的修饰关系就是人类语言中的基本语言现象。

所以，机器人在搬运物品时要做出"这个东西很重""这个东西很轻"的判断，是要机器人自己做大量亲身实践的。想要让机器人判断物体运动的快或慢，也是需要机器人做大量的实践的。

/ 机器人能够进行模仿学习 /

现在在美国加利福尼亚大学的伯克利分校中，以肯·戈德伯格为核心的研究团队在进行应用深度学习技术的机器人的研究与开发。他们的研究课题之一就是将机器手应用在手术机器人上。

他们的目的不是让机器人代替外科医生做所有工作，而是做一些简单的辅助性工作，比如缝合。以下是戈德伯格对这一学习方法的描述。

"缝合等工作是有固定步骤的，通常是由一定的步骤组成的。即使是不同的患者，外科医生们进行缝合的动作顺序基本是相同的。机器人可以学习这一系列动作。实际上机器人也在现场观察过外科医生做手术。这些都是和深度学习相关联的，这是一种演示学习法。

"机器人收集外科医生的演示数据，进行分析，形成动作顺序。首先要让机器人理解动作顺序和内容。然后将动作顺序分割成有实际意义的多个部分，并学习每个部分的控制方法。换句话说，不是让机器人学习整个手术过程的流程，而是依靠深度学习去学习如何控制每个动作。"

戈德伯格提到的"演示学习"与前面提到的模仿学习是相同的，这也是人类进行的一种学习方法。这具体指的是什么样的机制呢？

/　如果没有数据，人脑也无法学习　/

人类身体上的感觉器官会将外界信息收集起来传送到大

脑，大脑会对这些信息进行处理，之后大脑会向肌肉传达指令，使身体发出动作。在模仿别人行为的时候，会把自己的动作和看到的其他人的动作进行结合。"这个人是这样做的。我也要用身体的这个部分去模仿他的做法。"人类会进行一定的模拟。如果不能将自己的身体和看到的运动行为进行对应的话，是无法进行模仿学习的。

我们以婴儿为例，婴儿模仿自己母亲的行为。而其模仿的前提是婴儿自己的身体与母亲的身体是相似的，所以母亲做的动作婴儿也可以进行模仿。等婴儿长大之后，他可以去模仿自己朋友做的事情，模仿运动员的动作，可以进行各种各样的模仿学习。

我认为能够进行模仿学习的动物不是很多，而人类却在更高层面上进行模仿学习。人类的行为超越了简单的模仿，做到了自己想做的事情。同时也可以灵活运用其他领域的知识进行模仿。

运动员们每天会进行高强度的训练，同时也会参考比赛中运动员的动作。这乍看上去好像没有什么关系，但是运动员可能会参照马奔跑时的动作，同时在自己的脑中进行一次模拟，看自己是否可以采用这个动作。

人类用这种模拟的方法不断增加参照样本的数量和经验。如果真要从零开始学习的话，会耗费大量的时间，而人脑具有可以将学习时间缩短的机制。

另一方面机器人在某些方面是比人有优势的。开发机器手的戈德伯格做出了以下说明。

"机器人在遇到新事物的时候，会从云端进行数据检索，检索与之相似的事物。在检索过程中找到之前曾经经历过的事物并进行确认，之后再对新事物进行理解。研究人员会将数百万张图片作为数据让机器人学习。"

我们将这一技术称为计算机工学。这一技术是将学习所需的信息在云端共享给多个机器人。

假设为了能够让机器手熟练地抓起东西，我们让机器手在一个小时之内不断地重复拿起、放下的动作，我们可能会觉得仅仅一个小时的经验是不够的。对于人类的成长来说需要花费五年甚至十年，但如果让机器人也进行长时间的训练的话是不现实的，所以可以通过经验的共享让多个机器人在短时间内获得大量数据。

此外还可以制作线上模拟器，让模拟器进行高速的模拟运算。我们在之前已经提到了人类会进行模拟训练，这就像使用驾驶模拟器进行驾驶训练一样。在模拟训练中通过不断地重复积累经验，在实际搬运物体的时候，就可以快速准确地进行搬运。以前就开始了这样的工作，最近的研究才将模拟器与机器人进行组合使用。

/ 运动神经好的人的大脑在做什么 /

人类会根据自己所处的环境在大脑中进行模拟。通过人脑的模拟理解，人类可以知道即使自己不亲自做某件事也会知道会有什么事情发生。

比如，想将自己手边的一支笔放到稍远位置的箱子上。我们会想拿起笔，然后朝着箱子的方向移动。或者，如果箱子是倒着的，那就要先把箱子扶起来再把笔放上去。我们从小就在学习各种各样的事物，比如开始一项新的体育活动，或者是在公司进入了新的部门。我们在最开始时都会有很多不清楚的东西，随着不断地适应，就知道接下来该如何去做，在不断的失败当中逐渐找到正确的行动方法。

将几个动作作为一个整体进行记忆，人脑中可以产生更为复杂的动作，心理学称之为"区块化"。

假设婴儿想要拿起一样东西，他的大脑和身体会做出什么样的反应？

1. 手接近物品。

2. 手在接近物品的同时会张开。

3. 手在张开并抓住物品之后，握紧。

4. 手握紧物品之后，手腕会抬起。

如果大脑不向手腕做出如上的指令的话，婴儿是无法拿起物品的。当婴儿逐渐长大之后，拿起物品的一连串动作会形成一个动作区块。在此基础上做出更为复杂的行为，比如"把物品拿起之后，放在侧面的桌子上"等一连串的区块连锁成为可能。

专业运动员会比一般人在运动时有更好的表现，这是运动员们不断进行练习的结果——将普通人无法做到的动作进行区块化。

运动神经较好的人在初次做某项运动时也会比较好地完成，在和其他人做同一项运动的时候也会较好地完成。为什么不同的人在做运动的时候会有不同的效果呢？

我们以跳高为例，如果只将快速地越过横杆作为自己运动目的的话，即使我们进行了大量的试错，最终也无法提高学习速度。但是如果考虑到和这目的看似没有关系的次要问题，比如，如何控制自己的脚让自己的脚听使唤？在跳跃横杆时，在什么位置跳跃比较好？针对这些次要问题进行专项训练，就会实现最终的目的，运动的效果也会实现取得飞跃的进步。

以上我们提到的仅仅是一个推测。运动神经较好的人在进行运动的时候。他会下意识地控制自己的身体，模拟出大量的次要问题并进行解决。

虽然说是第一次做某项运动，但是运动神经较好的人会不断减少次要问题，逐渐找到适合自己的运动方式。正是因为这个原因运动员即使是第一次做某项运动也会很快取得好的结果。

/ 人类的意识就是"董事会" /

人类的大脑决定人脑要比身体先做出反应，这一点在人脑科学中经常被提到。一般认为当我们想要去按按钮的时候，大脑命令手做出按按钮的指令之后手才这样做的。但实际上，人脑做出按按钮指示前的0.35秒，手就已经伸出去了。人做出的决定其实都是由人脑下达的指令，美国生理学家本杰明·利贝特是研究人类"自由意志"的专家，这一学说就是由他提出的。

在讲义2中提到了AI获得意识的预想过程，利贝特所做的研究是质疑人类是否有自由意识。我们人类看似是在考虑到自己之后才采取行动的。这是真的吗?

我们从积累的经验中学习,在大脑中经过复杂的思考后再付诸行动。但实际上,在这一过程中是没有自由意识参与的余地的。换一种说法,在物理法则中时间状态(T-1)决定时间状态(T)。即使是概率性事件,没有由过去决定未来的自由意识参与的余地。

人类为什么会觉得我们是有意识的呢?当然现在有大量学说存在,有的人主张"存在自由意志",有的人主张"不存在自由意志"。

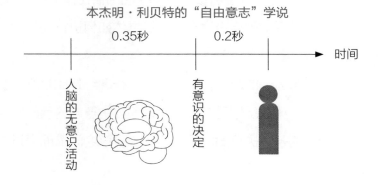

本杰明·利贝特的"自由意志"学说

0.35秒　　0.2秒　　时间

人脑的无意识活动　　有意识的决定

　　以公司进行类比的话，我们人类的意识就像是董事会。在大脑的指令下，当我们想拿起某件东西时，肌肉接收指令后进行执行，即使是在无意识的情况下，也能做出拿东西的动作。

　　这就像是公司当中董事会即使什么都不做，公司的各个具体部门也会开展各自的活动。一般的日常业务都会由公司中的各个部门来做，只有当出现了无法解决的问题，比如收益下降或者出现事故，才由董事会出面解决。

　　当问题反应到意识层面时就应该是大问题了，或者是完全出乎意料的问题。董事会在收到这种重大问题反馈时，会制定出一个比较粗糙的解决办法，再交由各个部门解决。我们可以把董事会制定的解决办法看成是董事会强加给各个部门的命令，是一种后知后觉的自由意志。但是具体如何执行还是要由各个部门决定，董事会是无法一一掌握的。

　　在进行体育运动的时候，集中精力进行训练是比较好的状态。我觉得集中精力反倒是在抑制意识和自由意志的活动，这就好像是公司的各个执行部门想让啰唆的董事会闭嘴而通过各自的具体办法来解决问题。

公司的董事会是参照某一特定的对象，要求公司整体对其进行注意的决策机构。通常董事会会决定公司的方向性政策和各个事业部门的活动，同时也会就董事自身进行一些决策。比如在董事会上讨论如何做一名合格的董事。关于具体的做法，我们在讲义2中提到了对镜理论，这就十分接近于自我意识。在这种情况下进行讨论的董事会成员自己成为被讨论的对象，讨论董事们今后将采取何种行动，这也可以称得上是一种自由意识吧。

/ 人类的智能正在变成"二层结构" /

我们在讲义1中提到AI可以与环境进行交互获得综合性概念。我们对这一点进行进一步的梳理，来分析一下人类智能的特性。

人类和动物都生存在环境中，与环境的交互是必不可少的。我们有与环境进行交互的身体，我们可以称之为"身体性"。

人们用运动器官来观测环境信息，并基于观测信息使用感觉器官进行活动，之后再继续使用运动器官进行观测，重复这样的行为形成一个循环。这一循环是对特定环境采取的制动系统，是一种可以通过学习进行掌握的运动机制。比如昆虫们都具有生存防御技能，人类等哺乳动物则是通过学习来掌握这一技能。

长期以来人们一直围绕着"实现AI是否需要身体性"进行讨论。美国麻省理工学院的人工智能研究所所长罗德尼·布鲁克斯提出了"无表象智能"理论。罗德尼所长开发出的扫地机器人"伦巴"风靡一时，并且成立了iRobot。

认知能力是以"为了保持最基本的生存和生殖，要充分认识周围环境并在环境中采取相应活动"的能力为基础形成的一种能力。昆虫型机器人为了能与环境进行交互也需要具备充分的认知能力和行动能力。

被称作"AI之父"的马文·明斯基对布鲁克斯的"无表象

智能"进行了激烈的批判。他主张:"与环境进行交互是动物层面的智能,这是可以实现的,但是像人类这种使用记号的操作是无法实现的。"

我认为这两个人的说法都是正确的。因为不就是在认知环境的基础上才实现了记号操作吗?也就是说,人类的智能是在"身体性系统"的基础上加载了"记号系统"。

我认为人类的智能可以大致分为两大系统。其中之一就是之前提到的认知环境将其模型化之后才进行运动控制的循环,我们称之为"知觉运动系处理"。

另外一个系统是我们在听到语言后对内容和意思进行理解再用语言回复,我们称之为"记号系处理"。破解谜题和列出公式都属于记号系处理。我提出的假说就是人类智能是一种"二层结构",即在知觉运动系处理上加载记号系处理。

AI再怎么可以和人类顺畅交流,如果不知道对话的意义只是单纯地转换答语,那么就不能说AI真正理解了语言。在讲义1中我们提到了"中文房间"的思考试验,在这个试验中提到的问题是"什么才是理解了意思"。

我们根据人类智能是二层结构的假说来讲的话，我认为只有当"第二层"能够激发"第一层"时才是真正理解了意思，并且"第二层"与"第一层"在相互作用下，才能构成思考。

换句话说，人工智能就是根据语言提示进行"绘画"。在讲义3中提到的绘画技术就是这个问题的体现。我们这里提到的"画作"指的不是具体的作品，而是抽象概念。

也可以说我们对行动是有事先的设想的，我们提到"猫"的时候，会联想猫的外表、触感、叫声等。当我们在文字中阅读到"小猫跳到了椅子上"，我们就可以联想到小猫敏捷地一跃。也就是说要理解语言的意思，第一层是行动，之后的第二层才激发我们的某种感觉。以前让AI和计算机进行知觉运动系处理要比做记号系处理更为困难，但是现在深度学习使图像识别成为可能，机器人也可以抓住物体。

在AI研究领域中有这样一种说法：与我们的直觉相反，比起大人能做的事情让计算机做小孩子做的事情更难。机器人工学专家汉斯·莫拉维克在1988年的著作《智力后裔》(*Mind Children*) 中提到："比起让计算机接受技能测试和下跳棋，让它学习一岁儿童的认识能力和运动水平是相当困难的，甚至是不可能的。"我们参照之前提到的二层结构，比起需要高度推理的记号系处理，AI更难实现知觉运动系处理。

AI能做小孩子能做到的事情吗？首先要让AI学会第一层的直觉运动系处理，学会之后才能进行更为复杂的记号系处理。

/ "感知"支撑着"思考" /

在学习大量数据方面，人类和AI是共通的。正如我们看到的，随着深度学习的出现，获得身体性和进行复杂的记号操作成为可能。

但是我们不能因此说出现了和人类具有相同水平的机器人。我将在最后一节讲义中对此进行论述。

人脑中有一种神经细胞是镜像神经元。这种细胞会在自己活动时以及他人活动时进行参照并作出反应。在看到别人的动作和行为时会想自己是否能够做出相同的动作和行为，在这一过程中发现自己和他人的共性。我们之前提到的模仿学习也是基于这种共性。

在婴儿成长过程中必不可少的是"共同注意"，比如婴儿的母亲在看某种东西，婴儿也会去看那种东西。也就是说婴儿具有观察别人并模仿的机能。在观察时如果婴儿的母亲对这一事物做出评价"这个真大""这是一支笔"，婴儿就会更快地理解事物。

除了"共同注意"之外，人体还有许多可以加速学习的机制。这些机制都在进化过程中被编写进人的身体。另一方面，感情和本能，比如在看到可怜的人的时候会同情对方，并且想去帮助他，这些都是人类作为社会性动物生存所必需的能力（参照讲义2）。在这个意义上我们可以重新认识人类在进化过程中付出的努力和获得的机能。

前面我们提到了人类的意识和公司的董事会相似。人类意识到的东西只不过是人类获得信息的一小部分。从人脑获取的数据中提取出最为重要的部分将其上升到意识层面。

虽然人类不能理解、意识到所有信息，但是感知和智能支撑着思考与理解。

大多数人认为人类与其他动物的主要区别在于"思考"，至少在AI研究领域长期关注着"思考"研究。但是人类的智能是"二层结构"，感知支撑着思考，通过感知收集大量数据，从中提取重要信息，这个过程必不可少。这一过程在人类进化中发挥了主要作用。人们会过多地关注"二层结构"，殊不知这两方面的相互作用才是人类智能的本质。

讲义5

生活因AI图像识别
发生什么样的改变

　　我认为阅读这本书的读者基本都会听说过"IoT"，IoT
就是"Internet of Things"。这是一种新的世界观，家电等电
器将通过网络将世界连接成一个整体。我们将"Internet of
Things"翻译为"物联网"，但是在英语中"things"不仅仅指
物品，还可以指事情。

　　提到家电连接网络，想必大家脑海中会出现很多画面。比
如，空调和网络相连，当我们从酷热的外面回到房间时，房间
里的空调已经开启了，因为我们在外面就可以使用智能手机控
制空调的开关。如果我们出门忘记关闭家中的电器，那也可以
在智能手机上关闭该电器。在养老护理上，我们可以在网络上
查询高龄父母在家使用智能电器的频率，并且确认父母的健康
状况。

　　以上只是一些简单的实例，物联网的应用是十分广泛的。

　　比如随着深度学习的发展，图像识别技术也实现了技术突
破。家里人的状态与房间温度、湿度、照明等彼此关联，为人
们调节最佳的温度和照明条件。

　　在本节，我们将一起探索深度学习为我们的生活带来的巨
大变化。

/ 云计算与边缘计算 /

智能家电为了使房间内保持舒适的状态，要实时处理分析大量数据。首先，传感器会收集室内的数据。这些数据可以由设置在房间中的计算机、硬件设备处理，也可以由计算机服务器处理。

比如使用语音识别进行翻译，声音数据会被收集，之后传入云端，在云端利用深度学习进行翻译处理，之后再将处理结果传回终端设备。我们将使用云端服务器的处理方法称为"云计算"。

在这种信息处理方法中，信息会进入其他服务器当中，会导致信息处理花费较长时间。如果想要快速处理数据，那就应当使用手上的终端来进行处理。这种处理方法被称作"边缘计算"。

最近，翻译器越来越小巧，可以实现终端计算处理。

比如工厂在机器上安装有传感器，收集来的信息数据会反

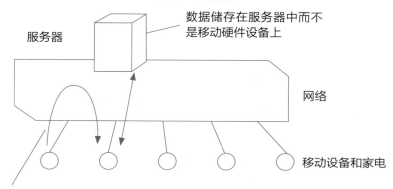

云计算和边缘计算

数据储存在服务器中而不是移动硬件设备上

服务器

网络

移动设备和家电

数据既可以通过网络传输在云端计算，也可以在移动设备中进行处理。

馈给工厂中的机器人。这种数据处理既可以在工厂内部完成，也可以将数据传输到云端由云端处理完成。云端的计算能力更强大，可以进行各种处理，但是会导致整个过程耗费更多时间。

/ 云端计算与终端计算 /

要根据具体情况分别使用云端计算和终端计算。多数是使用云端数据进行学习，再将学习结果返回终端设备。

随着互联网技术的发展，数据处理不仅仅是在一个场所中对智能家电进行数据处理，而是需要更多的设备连接在一起进行数据处理和共享。这时我们就要进行准确的设计，决定在何处、如何处理数据。

物联网概念是很早之前就提出的，此前"泛在计算"成为热门话题，它是指计算机被安装在各种环境当中。这与现在的物联网概念相同。我认为只是表达方式发生了变化而且更加贴近现代生活。

随着物联网的发展，人们生活的内容都以数据的形式被存储在云端。说的极端一些，就是人们在何处做了什么都被——记录下来。由于这些数据涉及个人隐私，所以我们必须要考虑如何正确使用这些数据。

/ 图像传感器的作用相当于人眼 /

深度学习经常被用于处理图像和视频。这些图像和视频在物联网中起到什么作用呢？

图像和视频一般是用图像传感器进行拍摄获取，传感器有多种类型，比如有测量温度的温度传感器、测量加速度的加速度传感器等。这些传感器都是有固定用途的。

但是图像传感器没有固定的用途。人们查看图像传感器捕捉到的图像或者视频，可以从中了解到"环境很热啊""跑得很快""这个人正在流汗"等。这个捕捉图像的功能就相当于人的眼睛。

也就是说图像传感器的使用很广泛，可以根据不同目的进行不同的数据处理。相比之下，其他传感器的应用面就很单一。

此前由于图像传感器的识别处理准确率较低，因此不经常被使用，但是由于深度学习的发展，图像传感器较以前有了很大的进步，可以在很多领域进行使用。今后还会以多种形式被应用到更多领域中。

/ 将人类行为数据化 /

接下来我们来思考一下传感器与深度学习的关系。

首先，向传感器输入数据，对数据进行推理（识别），之后输出相关结果。将输入和输出进行组合，形成数据进行学习。

比如，想要预测某个家庭中的人是否喝咖啡，可以从房间的状态以及房间内人的活动中来提取数据。如果咖啡机上设置了传感器，就很容易知道是否有人使用了咖啡机。所以可以让AI学习通过人的活动来预测是否有人喝咖啡。让AI学习大量数据，比如学习"在这个动作之后就是要去喝咖啡了"，之后咖啡机就可以预测有人要喝咖啡并开始制作咖啡，实现这样的预测会给人带来便利。

通常传感器是可以对预测对象进行信息提取的，比如在咖啡机上安装传感器，对是否有人要来制作咖啡进行预测。那么如何预测人是否要吃点心呢？如何预测人是否要学习呢？我们无法像在咖啡机上安装传感器那样在点心和书本上安装传感器。

但是将图像传感器和深度学习进行结合的话，就可以对各种事物进行识别。比如我们观察一个人的行为就可以知道他是否在集中精力做事，即使是仅靠感觉我们也能进行判断。但是此前这种观察无法以数据的形式被获取。

如果能够灵活使用深度学习，并且辅以一个图像传感器，我们就可以对被观察者的集中精力程度做出测算。为了营造让人能够集中精力的环境，我们可以改变空间内的温度、湿度、音乐和照明灯，让AI学习如何调节空间环境内的各种数值。

最近经常有科研人员使用大数据参与作物栽培和品种改良，测算和管理温度、湿度、土壤状态来实现增产增收，提高作物品质。

但是科研人员却不能弄清楚最为重要的一点——作物的健

康状态。能够测量的是作物植株的高度，但植物也不是越高越好，重要的是作物是否健康。同时，生长茎叶的"营养成长"阶段能否顺利向开花结果的"生殖阶段"转换也是十分重要的。如果这些要素都能用深度学习进行测算的话，就能分析如何调整生长条件让作物健康成长，并设定最佳条件。

现阶段，通过将图像传感器（眼睛）和深度学习（脑的视野范围）结合，对条件和环境进行调整。此外，借助物联网可实现与其他传感器、传动装置（调节器）的连结，一次进行更多方面的应用。

在图像识别领域，AI 的识别精度已经远远超过了人类，这是不争的事实。因为人类的工作有很多是要使用"眼睛"进行识别、判断的，而这些工作全部可以通过自动化和机器化来完成。

/ 在五种感觉中AI最不擅长的是什么 /

人类具备五种感觉，分别是：视觉（眼睛）、听觉（耳朵）、嗅觉（鼻子）、味觉（嘴）和触觉（皮肤）。

AI和机器人的感光元件可以捕捉光线来获得视觉。但是在深度学习高速发展之前，处理这类信息是十分困难的。而且用听觉识别声音也是一个难题。但是随着语音识别和深度学习的发展，识别精准度大幅度提高。也就是说，现阶段AI在视觉和听觉数据分析方面都取得了巨大的进步。

在听觉和视觉之中，视觉具有绝对的优势。比如我们可以通过视觉识别"有人在跑""有人摔倒了"。在我们生存的环境中有大量的光线存在，有大量的信息是我们被动地接受的。

与之相反，声音不是一直存在于我们周围的环境中的。由于声音扩散和回声的存在，很难确定声源位置。比如，听到"扑通"一声，我们会猜到可能是有人摔倒了，但是我们无法从声音中获得更为具体的信息。

另一方面，嗅觉和触觉是很难掌握的感觉。味觉中除了最基础的两种味道"甜"和"咸"，人类还是能够区分出很多具体的味道的。被我们放入口中的事物，它的气味会被鼻子感知，人的鼻子中有气味识别器官（传感器），可以察觉出空气中存在的多种化学物质，也就是不同气味。人类的嗅觉也是进化的结果，人类能够依靠嗅觉发现周围环境中存在的危险。

人类嗅觉和味觉是能够检测出化学物质的"化学传感器"。人类可以区别数百种味道，那么传感器能够嗅出所有气味吗？传感器能够检测出各种化学物质，但它没有必要去做信息处理。所以，没有必要进行类似于深度学习那种复杂的信息处理。

关于触觉，可以使用"压力传感器"（感知压力、将所受压力转化为电信号的装置）来收集信息。我们能感受到的"光溜溜""干巴巴"，这些都可以转化为压力传感器的实时信息。在机器触觉领域，深度学习也是可以发挥其作用的。

反过来说，我们把人类的五种感觉用AI的方式加以理解，是不是就会有一种新的理解方式呢？

/ AI开拓食品产业的未来 /

"民以食为天","吃"与人类的生命活动有着密切联系,接下来我们看一下"吃"与AI的关系。

AI的研发在各个领域都取得了进步,我认为日本在食品领域使用的AI技术是领先世界的。

食品行业是十分适合将深度学习的识别功能与传动装置(这里指的是机器和机器人)相结合的行业。首先我们大致了解一下食品行业的现状。

在食品行业里,啤酒制造商的规模十分巨大,能够将其他食品销售规模做到一万亿日元的公司屈指可数。火腿等肉类加工产品、面包、点心、乳制品、调料、清凉饮料等次之,接下来基本上都是销售额在2000亿~3000亿日元水平的中坚企业。

我认为产业规模的差距在于在原料加工中多大程度上使用了"眼睛"。啤酒和罐装咖啡等饮料加工行业由于可以实现自动化生产，可以很容易实现大规模量产。但是要在食品加工行业中对原材料进行处理却十分困难。处理肉类、鱼类、水果、蔬菜等的企业要用"眼睛"参与各项工作。

具体来说，处理鸡肉、猪肉的时候要有工人进行分解工作，处理大虾时要有人用手去剥皮。区分水果大小时也要有工人参与其中。正因为需要一定的技能和专门设备，所以这些行业无法实现自动化。为了实现自动化，必须要有处理各类食品原料的专用机器。现在，人们进行着大量的中间加工，比如超市的副食窗口、盒饭窗口、中央厨房、冷冻食品等，这些都是需要投入大量人工的。

也就是说还有很多加工作业没能实现自动化。在普通家庭中，做饭还是需要依靠人工来完成，这是世界各国的现状。深度学习进军食品行业的话，应该会给全体供应链带来巨大的变化。

餐饮行业里人工费占支出的比例较大，深度学习的参与可能会带来巨大的变化。现在在餐饮行业能实现自动化的是点餐、上菜等。最近，旋转寿司店里能够将用过的菜盘自动回收。在这之前，餐饮行业使用机器捏寿司饭团是能够实现的最大化的自动化了。但是如果深度学习能应用到寿司行业的话，机器会自动将鱼肉切成适当的大小，然后将切好的鱼肉放到寿司饭团上。

牛肉饭、咖喱饭等连锁店，汉堡等快餐店，全家便利店等大型超市应该都会从深度学习中得到灵感吧。之前"一人运营"（一个人撑起一家店铺）成为一个热议的话题，大量减少店里的人工直接关系到店铺的最终收益，我相信大型连锁餐饮店最终会实现全自动化。餐饮店后厨实现自动化其意义之大不可估量。

日式美食层次极高，但是却无法在海外推广，这和厨师的烹饪技能是密不可分的，所以日本料理无法在世界范围内推广。但是如果使用AI技术的话，将日式美食和烹饪手法以烹饪机器人的形式向世界推广是有可能实现的。

这样做虽然无法让所有机器人都达到烹饪大师的水平，但是可以保证菜品品质。把烹饪机器人出口到国外，就可以在外国做出日本烹饪师的菜品。在国外即使不去苦苦钻研日本的烹饪技法，也能提供与在日本相同品质的美食。同时也可以提供与当地饮食文化相符合的新菜品。我认为，这个市场还是十分巨大的。

/ AI能否做出原创菜谱 /

之前提到过烹饪机器人可以根据给定的菜谱高质量地完成菜品制作。但是做原创菜品的话，还是只有人类厨师能做到。

现在研究人员用AI尝试新的菜品开发。通过分析大量菜谱数据，将食材进行组合，寻找新的搭配，同时考虑各种营养均衡，制定新的菜谱。

我们在节目中介绍的AI"Watson（沃森）"可以从现有菜品照片（图像数据）中提取食材信息。Watson依据庞大的烹饪数据库，对每道菜品进行解析。由于烹饪手法也被录入数据库，Watson可以从中提取信息进行组合，从而形成菜谱。

有这样一个搜索引擎，研究者曾对其做出试验，实验结果为65%的原创菜谱是可以使用的。

现在只通过图像识别来制定新的菜谱是比较困难的。但是随着数据库内数据的不断完善，AI制定的可使用的菜谱会越来越多。同时随着烹饪方法数据的增多，检索的精准度也会上升。

使用菜品图片不断被实用化的是提供菜品营养信息的机制。这一机制会给人们提供营养建议，比如"卡路里太多了""这么做菜的话营养是不够的"。

当然在餐饮行业里顾客的反应也是一项重要内容。如果能够灵活运用AI，我们甚至可以观察顾客的反应。在店里安装相机来观察"哪位顾客点了哪道菜品""用餐表情是否愉悦""剩了多少菜"等，这些都可以通过人脸识别和表情识别来进行分析。广为人知的"Google analytics"就可以对网络用户的行为进行分析，现在谷歌也开发出了餐饮店版本的"Google analytics"。

对于某种菜品，测算顾客用了多长时间吃完、吃剩了多少以及用餐后的表情的平均得分，可以判断顾客以后是否还会再来店里用餐等，如果都能使用AI进行测算的话，就可以知道这道菜品是否受欢迎，也会有助于接下来的菜品开发。

收集各国不同的口味数据，就可以根据各国的口味偏好调整菜谱。多数情况下日本人的口味不是很适合其他国家和地区的人，这种口味上的差别最好也要体现在烹饪机器人使用的菜谱上。

如果AI能将"哪位顾客喜欢哪种菜品，不喜欢哪种菜品"分别进行记录、存储，那么就可以根据每位顾客的味道偏好、宗教习惯、健康状态等提供最合适的菜品。

"使用烹饪机器人将菜品和食品安全地送到世界各个家庭的餐桌""根据各国人民的口味偏好不断开发新菜品"等这些设想都会在AI的帮助下成为可能。

"对饮食十分挑剔""在意细节、喜欢干净""擅长机器制造""擅长构筑物流体系"等都是日本人的特征，也是日本企业的优势之一。如果使用AI实现制造食品的自动化和机器化，那么这对日本来说将是一个巨大的发展契机。

/ 图像识别的下一个应用领域是什么 /

由于图像识别精准度的提高，使用AI的产品和服务在各个领域都实现了运用。

AI正在被应用于无人驾驶，此外，通过图像进行的医疗诊断甚至已经超过了人类医生的诊断。

在讲义4中已经提到过了，在工业世界中，图像识别能够带来的下一项巨大突破就是深度学习与强化学习结合的"深层强化学习"，也就是使机器获得身体性。

使用图像识别技术，机器人可以流畅地抓住物体，在驾驶时也会避免冲撞，将其与操控技术相结合就会完成以往机器人无法完成的任务。通过深层强化学习，以往由人眼进行识别判断的工作将更有可能实现自动化。

我认为这项技术不仅可以应用在食品行业，还可以应用在农业、建筑业等多个领域。这些行业现在更多都是由人工进行完成，因此也是劳动力不足的行业，我觉得AI可以在这些领域发挥出巨大作用。

具体说来，现在农业无法实现全面的自动化和机器化就是因为机器人虽然能够代替人的手脚去工作，但是无法代替人眼。比如，收割、间苗、除草等作业是需要用眼睛来确认的，需要不断积累的经验。建筑行业也是如此，在建筑工地上捆绑钢筋、焊接钢筋、浇筑混凝土等作业都是需要工人用眼睛来确认的工作。

同时我们也要思考一下：如果人类的工作都实现了机器化，那么会发生什么？

亚马逊公司在20世纪90年代以零售书籍的实体店起家，并计划转型为EC（电子商务）。现在不仅是书籍，所有商品都可以在网上销售。

当下的互联网之战对于日本来说是十分不利的。但是如果能够将AI之眼与人手的技术结合起来的话，这将会是日本企业的一个契机。

在今后的十年或二十年，食品行业应该会实现全自动化。在食品领域（或者农业、建筑行业）可能会出现大型跨国公司。20世纪90年代没人相信会有一个企业把全世界的书店连成一个整体做出一家世界一流企业。但是亚马逊做到了，今后应该还会有类似的事情再次发生吧！

讲义6

AI是否会
与人类融合

　　在前五节讲义中，我们着重谈到了AI与人类的相似之处与区别所在，同时也分析了"何为人类""何为AI"。

　　AI现在仍处在发展之中，虽然在一些领域已经超过了人类，但是在大多数领域内却远不及人类。有的人会说：我们或许本不应该如此勉强AI。

　　现在科技的发展速度如此迅猛，AI研究在今后五年或者十年中将取得什么成果是我们无法预知的。但是可以肯定的是，在不久的将来，AI的功能将更加接近于人类的各种能力。

　　在本节讲义中我们将探讨AI和人类将会迎来什么样的未来。

/ 技能扩展——100%的机器型人类 /

相信很多读者知道"2025年问题"这种说法。简单说来就是2025年时日本的"团块世代"（第二次世界大战后在日本第一波婴儿潮中出生的人）将成为后期老龄人口（75岁以上），每三个日本国民中就会有一个65岁以上的老年人，因此而引发的各种社会问题被称作"2025年问题"。

现在社会保障费用和医疗费用等的高涨是困扰日本社会的问题。从劳动人口减少方面来看，AI和机器人的使用备受期待。

它们也被看作是帮助人类生活的技术。比如，为了使老龄人口能够便捷移动，我们想到去研发可自动移动的轮椅，就像自动驾驶的汽车一样。也开发了可以辅助老年人走路、搬运重物的辅助型机器人。

人类的手和脚可以在意识的控制下做出十分精细的活动。虽然走路看似是一项十分简单的事情，但是实际上下一步要落在哪里都是由人脑做出的决定，这是一种十分复杂的机制。如果AI能在人走路时做出正确的辅佐，那么以后就很有可能开发出搭载有AI的假肢。实际上现在已经在进行依靠AI支持、按照人类意志运动的假肢的相关科研开发。如果这项技术实现了突破，就再不用担心走路会摔倒或者是遇到台阶时的麻烦，可以顺利地移动或抓握。

我们在前面已经提到，随着深度学习的技术性进步，图像识别的精准度得到了提升。同时随着深层强化学习的发展，机器人的动作也更加灵敏。如果对这些技术进行合理使用的话，会对老年人的移动产生有效的支持。

除了假肢，人造脏器的大规模使用也会成为可能。如果技术能够继续不断发展的话，有视觉障碍的人很有可能会恢复视力，人脑的视觉功能缺陷也会被机器弥补，人类的其他功能也会逐渐被机器替代。

随着技术的进步，原本100%的人类会不会逐渐变成机器人？从变成30%的机器人，50%的机器人，到最后变成100%的机器人……到那时，人还是真正意义上的人吗？

　　我们可以举一个身边的例子，在残奥会上安装假肢的运动员取得了比奥运会运动员还要优异的成绩。那么，弥补自身缺陷和扩展人体机能有什么不同呢？

　　使用假肢、力量装备的目的是弥补人体构造缺陷还是扩展强化人体机能？我认为我们要对这一判断标准做出明确的界定。必须要在考虑到当事人与社会发展的方向上进行充分的探讨。

/　鸟类的特性，人类的特性　/

　　正如我们所看到的，在深度学习的加持下，研究人员利用AI实现了很多技术突破，我们以后的生活无疑也会发生巨大的变化。我个人认为AI的出现与发展在人类历史上是可以与文字的发明相媲美的事件。

　　我们换一个话题，我想问大家一个问题。

鸟类的特征有哪些？

想必很多人会说："鸟类会飞。"但是"飞行"是有一定的原理的，把这种原理在工学上加以活用，即使不是鸟类的事物也能够飞行。要如何获得飞起的升力呢？可以像鸟类一样扇动翅膀产生升力，也可以使用发动机产生推力，用机翼将推力转化为升力。人类就是利用这一原理制造了飞机，飞机的出现使出国旅行和物流等变得更加方便快捷。

飞行，是鸟类这一物种在生存竞争中必不可少的优势。是鸟类十分重要的特性之一。为了生存，鸟类不仅要会飞行，还要具备其他诸多特性，也就是保持鸟类的特性。

比如说，鸟类会在早上鸣叫，会筑巢育雏，会生长出漂亮的羽毛。鸟类在早上鸣叫是为了向同类传递信息，通知同类周围有天敌出现，是为了择偶、繁衍后代；鸟类筑巢是为了给雏鸟打造一个安全的生长环境；长出漂亮的羽毛是为了吸引雌性鸟类，与其他雄性竞争。鸟类所具备的这些特性都是为了生存而付出的努力，这也是在进化过程中获得的本能。

那么人类又有哪些特性呢？人类为了生存获得了发达的大

脑，具备高智能的人类能够在自然界的生存竞争中取得有利地位。

就像飞行的原理被应用到工学上一样，人类的智能也可以应用到工学上。深度学习领域的最大难题已经被攻克，我认为接下来让AI获得身体性和记号操作能力，我们就能将人的智能全部掌握了。

就像飞机的外形不同于鸟类一样，AI没有必要和人类拥有相似的外形，具备智能的机器不一定非得是人形机器人。这就是我在讲义5中提到的将AI应用到各类产业当中的本质（深度学习与硬件设备的组合），这也是AI将来的一种存在模式。

人类的认知和判断能力之前一直是人类特有的，但是现在这两项能力可以脱离人类而存在，并被配置在必要的环境下。以往一直由人类工作的岗位，比如烹饪、收拾餐具等都可以由搭载AI的机器人来替代。

我认为人类的特性不应该只是认知和判断，还应该体现在别处，比如，人类在几百万年的进化中形成的情感、本能，以及社会结构等都是人类的特性。人类也是为了生存而战斗的。为了满足"吃饭""居住"的生存欲望，体格弱小、没有犄角和獠牙的人类结成伙伴，一同与天敌进行抗争，我认为这才是人类的特性，不管AI如何发展，人类的这些特征是不会改变的。

虽然这可能是遥远的未来的事情，但是随着AI的普及，人类总有一天会实现不从事直接与生产相关的工作。但是，人类会在与生产毫无关系的领域里与其他人组成团体寻找假想的敌人，以某种形式进行战斗，或者是和自己的伙伴们一起做认为是正确的事情。所以说，不管AI怎么发展普及，人类都不会不工作的。

从日本最近发布的各行业劳动人口变化推移表可以看出，第三产业的劳动人口不断增加，与之相对的是第一产业和第二产业等与生产直接相关的行业的劳动人口逐渐在减少。换句话说，就是以现在的生产力水平，有一大部分人可以不用从事体力劳动。但是在100年前，按当时的生活水平来说，大部分人是不得不从事工农业生产的。

所以人类还是想去工作的，比如说成立公司、成立组织，进行讨论、进行竞争，人类的这种特性是不会消失的。

同时，当我们看到可怜人时我们仍想去帮助，我们仍旧会坚持某种信仰，并朝着这种信仰不断地努力。在人类的特征中可以称作美德的东西也是不会消失的。

人类有各种各样的缺陷。换一种说法就是人类有着多样性，各种不同的人进行合作才能组成社会。也正因如此，社会才会有各种弊端。但是也正因为这种缺陷和弊端，人类与人类社会才是一种美好的存在。

/ 重新审视奇点 /

AI领域有这样一个词"singularity"（技术上的特异点，奇点）。它是由美国思想家、AI研究权威专家雷·库兹韦尔做出的预测：在2045年左右，AI将与遗传工学、超微技术等融合全面超越人类智能。

关于奇点，库兹韦尔指出：它是我们作为生物的思考和存在在自己创造的技术进行融合的临界点。技术将促使人类超越自身的生物极限——以我们无法想象的方式超越我们的生命。（《奇点临近》）

在前几节讲义中我们提到深度学习的发展使AI延伸的可能性得到了提高，在对比中我们整理了人类在进化过程中所获得的智能和特性，这听上去像是科幻小说，但是今后如果我们按照库兹韦尔的奇点理论发展的话，人类的进化范围将会扩大。

库兹韦尔在其著作《奇点临近》中分六个阶段追溯了宇宙的形成，并且阐述了未来时代。我们按照他的说法，简单介绍一下他的理论。

阶段一：物理与化学

在宇宙大爆炸之后的数十万年后出现了原子，数百年后出现了分子。在所有元素中用途最广泛的碳元素具有复杂的、信息量巨大的立体结构。

阶段二：生命与DNA

在数十亿年前，地球诞生。碳元素化合物逐渐变得复杂，形成复杂的分子集合体，并形成可以自我再生的结构，这一结果是生命体诞生。为使大分子集合的信息被保存，DNA出现了。

阶段三：大脑

早期动物获得了识别图形的能力。最终人类将自己认知的世界在大脑中进行抽象模型化，并获得将理性分析抽象为模型的能力，即学习能力。

人类通过学习来获取环境信息并采取相应活动，而不是依靠自然进化。在这一阶段初期，大量昆虫和其他物种出现，随着进化的推进，其中一部分得以生存，并会进化为多种物种。这便是通过基因进行的进化。个体更大的生物在自己的活动中逐渐学会了学习，能够更好地适应环境变化，并组建社会。

阶段四：技术

人类运用理性、抽象思考，灵活运用双手，最终创造出技术。最初的技术是使用简单的机器，后来发展为精密的自动装置。技术本身可以感知信息的类型，并对信息进行存储和评价，后来形成了我们现在所处的现代社会。

阶段五：人类技术与人类知性的结合

数十年后人脑存储的大量信息将与人类开发出来的具有优异能力的技术相结合，达到奇点。也就是人类与AI的融合。

阶段六：宇宙觉醒

奇点到来后，人脑智能与人类发明的技术将会与宇宙中的物质和能源一并达到饱和。智能会重新构成物质和能源，实现最优的计算水平，人类将会脱离自己的起源——地球，想到地球以外的宇宙发展。

/ 人类从"人类特性"中解放出来的时候 /

库兹韦尔在第六阶段中提到了宇宙觉醒，乍一看可能不知所云，但是系统理论地分析一番便觉得这一论断是正确的。

《奇点临近》中反复提到了人类为了生存而形成的进化性的机制，比如各类本能、情感，人类的价值观、善恶是非观，以及社会和教育。人类会学习各种模式和解决问题的方法，使人类智能水平不断提高。归根结底，这些都是为了人类的生存。虽然有个体差异，但是人类总是不断在解决自我保存、自我再生产最大化之类的问题。

以色列历史学家尤瓦尔·赫拉利的作品《未来简史》引起广泛热议。在书中赫拉利俯瞰人类历史，描述了人类利用技术改变世界和自身的各种活动。在他的论述中有一个重要的关键词就是"不死"。

人类机器人化后就不会死亡。随着生物工程、遗传工程、机器人工学的发展，安装假肢、人工脏器，模仿人脑机制等都会实现。

我与库兹韦尔和赫拉利持有相同的观点，认为我们今后不是与AI"共存"，而是与"AI"融合。我认为人类在人类史上、生物史上、地球史上一直在做的事情就是与AI的融合。

/ 知识全面共享、全体学习的未来 /

在今后的几十年到几百年内，随着技术的发展，人类可能获得"不死之身"。为了提高自己的生存可能性，也会让"不死"成为可能。

在考虑"不死"时，我们应该回想起"超参数"的存在。在讲义2中我们已经提到了超参数，它是由开发者设定的。但是最近已经将超参数的设定方法作为学习的内容，由AI进行学习，并自行设定超参数。

如果我们设想人体内也存在超参数的话，那么这些超参数就是神经元的数量、种类、初期结构、学习率等，这些都是由基因决定的。让AI学习设定超参数，从某种意义上讲是具有超越进化的意义，或者说它将进化该完成的任务通过学习来完成，这是一项巨大的技术突破。

生物只能按照基因中写入的路线进行进化，只有在环境中生存下去的物种才会留下，这也就是"适者生存"。生物在学习中不断调整超参数以实现最优。虽然调整参数可以通过进化来完成，但是靠学习来完成的话会更快一些，这一点毋庸置疑。

学习能力会更具有支配性。比如人类也在执行着在深度学习中的误差反向传播法。这也是可以依靠技术的进步实现的。

可见人类这一"硬件"自身有巨大的局限。但是如果人脑的机能能够得到延伸，能够处理无限的数据的话，那么人类就可以实现全面的知识共享，实现全体学习并不断进化。

我们再次回到库兹韦尔的主张。人类实现"不死"，每个个体的大脑可以相互连接，也就是说人类的生存可能性实现了最大化。那就不能说是"生命"或者"智能"了，确切地应该说是"能源和信息类型"。这一点在阶段六中有所体现。

库兹韦尔和赫拉利提出的人类智能、进化、社会、历史等内容，对其进行综合考虑的话，他们的理论应该是对的，我也和他们得出了相同的结论。

现在的科学技术迅速发展，我们无法预测未来30年的事情。但是30年前既没有互联网也没有智能手机，在当时是很难描述我们现在所处社会的面貌的。

所以，如果有人问我"2045年会迎来奇点吗"，我会回答说"我不知道"，这是一名科学工作者的诚实态度。或许会在未来几十年后迎来奇点吧，也可能是几百年之后。

深度学习的发展速度远远超过了我的预想，所以这些设想不会是空想。

但更为重要的是我们人类要更好地认知自己。